U0551139

マッキンゼーで学んだ
時間の使い方がうまい人の一瞬で集中する方法

麥肯錫
瞬間專注技巧

掌握自己的「**專注力容量**」，
快速完成工作與學習，表現更好，自由時間更多！

大嶋祥譽

張智淵——譯

序言

麥肯錫同事告訴我的答案

翻開本書的你，一定想要設法擺脫不斷加班、遲遲無法回家的日常生活。你或許認為：「書名中有麥肯錫，其中一定記載著解開困境的妙方。」遺憾的是，我用整本書的篇幅，要告訴你的是「無法專注也沒關係」。你八成覺得莫名其妙，但這是我觀察麥肯錫和一流企業的人士，並且親身實踐所得到的答案。

並非能力強，就能把工作做好

如今是高度數位化的世界，工作變得比二十多年前輕鬆許多。電子郵件一下子就寄到國外客戶手裡，容量大的資料也能透過雲端上傳／下載，無需郵寄。開會也能在線上看到對方的臉進行，交通時間為零。

工作方式改革的相關法案，早已施行第五年。

儘管如此，為什麼我們的自由時間沒有增加？

同時負責多個專案、調度幾十名成員、迫在眉睫的期限……要做的事接踵而至，許多人快要不勝負荷。

我任職於麥肯錫時，資深員工和上司肩上扛的工作量是我手上工作的好幾倍。那終究是我處理不了、令人叫苦連天的工作量。

然而，他們面不改色地完成，準時帥氣地下班回家。他們偶爾也會加班，但是不像在日本企業成為問題，沒有半個人「每天加班」。

為了提升表現而找到適合你的方法

我在進入麥肯錫之前，曾經也和許多人一樣，焦慮地心想「必須完成工作」、「必須專注」。

然而進入麥肯錫，和程度高的同事們一起工作，使我的想法有了一百八十度的大轉變，我自覺到必須從頭開始學習工作的方式。

此外，如今因ChatGPT和AI抬頭，我們的工作價值開始受到重新評價。今後，難保至今做的工作不會消失，或者薪資不再調漲。

不再只是「妥善完成手上的工作」，而是「做自己才做得到的工作」，必須有更高水準的表現。

誠如上述，社會的需要正在改變，如今我在做的事，和當年在麥肯錫和一流企業學到的例行公事，沒有太大的改變。

而不可思議的是，它們都是簡單的事。

為何過去我在麥肯錫學到的事，到目前仍然適用？

答案是：只是「找到進入專注模式的方法」罷了。方法五花八門，有些像是日常的例行公事，有些則類似儀式感。接下來，我會介紹各種專注的方法，方法還不少，或許你無法一一嘗試，或者「雖然嘗試了，但是沒有效果」。

以上都無妨，重要的是：「找到適合自己的專注方法」。

我在書中介紹麥肯錫以及其他曾任職企業的同事們，他們的工作方式，並且傳達他們進入專注的實際狀況，這些方法都會比你預期的簡單易行，一點也不困難。

希望本書也能幫助你找到適合自己的專注模式。

大嶋祥譽

CONTENTS

第2章

你無法專注的五個理由

大量的判斷．立刻回覆的束縛．資訊的魔力．隱形疲勞．真正的理由

第3章

「專注」的定義在AI時代有所改變

人必須具備的新技能

第4章

大嶋式「專注」的驚人架構

在麥肯錫和一流企業學會的知識

第5章

大嶋式「專注」的驚人架構

擁有早晨、白天、夜晚的例行儀式

第 1 章

接受自己無法專注

阻礙現代人專注的「事物」與「想法」

專注力低下，問題不只出自於我們怠惰

☑對於「專心聽政治人物說話」感到訝異

前幾天我看電視節目時，對一件事感到驚訝。

那個節目中，將「偉人的著名演說」做成特輯，我打開電視時，正在播放田中角榮前首相的街頭演說畫面。

田中角榮是眾所周知的演說高手，他的演說強而有力且幽默風趣，抑揚頓挫，虜獲人心。

但當時，令我在意的不是他的知名演說內容，而是電視節目中聽他演說的街頭人們的樣子。男男女女一動也不動，目不轉睛地一直盯著說話的田中角榮。

那一瞬間，掠過我腦海的疑問是：「這些民眾驚人的專注力從何而來？」

於是，我假設「活在現代的我們，是否已經不具備那麼強大的專注力？要像當時的人們一樣，長時間靜靜聽別人說話是否不可能？……」

☑束縛現代人的事物

假如如今，街頭出現具有和田中角榮一樣氣勢的政治人物，展開演說的話，你會如何？

說不定會停下腳步，出神地聆聽他的演說許久。

然而，恐怕過不到幾分鐘，就會在意起 SNS 的來訊通知而轉向看手機，或者上網搜尋「這個人是誰？」

或者說不定會用智慧型手機拍照，上傳至社群網站，抑或是察覺到突然有電話打來，快步離開那裡。

縱然對演說再感興趣，能夠站著仔細聽演說的時間頂多幾分鐘。

相對地，電視裡聽著田中角榮的演說的人們，一動也不動地面向他，側耳傾聽他的演說。

當然，我只是看到這一幕，說不定有人在那之後隨便聽聽。

田中角榮的演說精彩，自是不在話下。可是，姑且不論這一點，我認為當時的人們比起如今的我們，擁有更高的專注力或耐性。

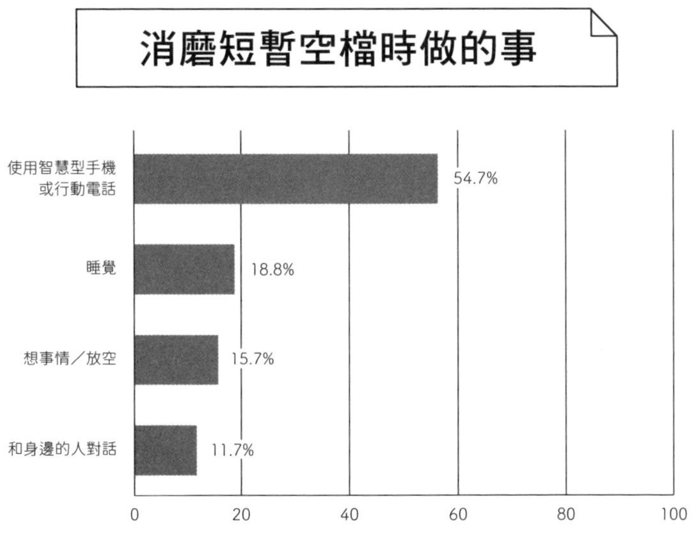

資料來源：基於 MyVoice Communications 的問卷資料庫 消磨空檔相關的問卷調查（2021 年）製作

☑我們失去了專注力？

光看這件事，會覺得現代的我們比起從前，果然喪失了「專注力」。如果能夠重拾過去那種專注力，或許工作和私生活都能進展得更順利。

不過，我想說的是另一件事。

那就是「現代人不是失去了專注力。話說回來，無法專注是理所當然的。」

最大的理由是「智慧型手機」。

當時的人們沒有智慧型手機，即使演說到一半，內容變得有些空洞，也沒有其他事情可做，所以只能繼續聽。可是，如今能夠立刻掏出手機，查看有無新聞，或者在社群網站留言「這場演說真無聊」，或利用空檔玩手遊。

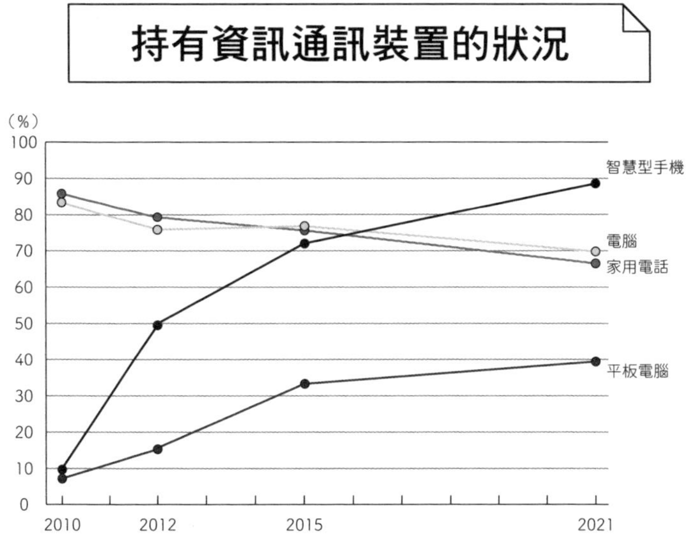

資源來源：基於日本總務省資訊通訊白皮書《總論》（2022 年）製作

而且無論是否正在演說，也會不斷收到聊天訊息、簡訊、來電。在這種情況下，要專注持續做一件事，極為困難。

沒錯，從前因為「沒有其他事情可做」，所以能夠專注聽演說。現代人比起從前的人，並非專注力下降，而是置身於無法專注的環境，所以無法專注。

在工作上，除了智慧型手機之外，「電腦」普及也剝奪了我們的專注力。在沒有電腦的時代，人們不敢坐在職場的辦公桌前，明目張膽地偷懶。然而，如今即使是工作中，也能透過電腦查看最新新聞、玩遊戲。

除此之外，新冠疫情後，居家工作變得普遍，少了監視的目光，變成越來越能「為所欲為」。

☑資訊爆炸產生的惡性循環

總之，如今的我們所處的世界，「資訊」太多、而且這些資訊唾手可得。

人是一種具有知識好奇心的生物，若是能夠知道，當然想要知道。經常上網查資訊，忍不住查不相關的資訊的過程中，過了幾個小時。

不僅如此，連不想知道的資訊也會透過網路新聞或社群網站，不斷地流入。

而「資訊過多」也會引發別的問題。那就是「疲勞」。

曝露於大量的資訊中，大腦不用說，「眼睛」格外疲勞。

明明因為是遠距工作，身體應該不怎麼勞累，但是不知為何，疲勞消除不了。這搞不好是資訊過多，造成「大腦」和「眼睛」的疲勞。

這種疲勞相較於身體的疲勞，不易自覺到，所以明明很疲勞，但是尋求刺激，時常在上網的狀態下，漂泊於資訊的波浪之間，因而更加疲勞……現代人反覆這種負面循環，不可能還能夠專注。

「必須專注」這種強迫觀念，會剝奪專注力

☑ 一心認定「最好能夠長時間專注！」

在這種難以專注的時代，若要拾回「專注力」，該怎麼做才好？

這就是本書的主題，我會基於我的親身體驗，亦基於證據，與各位介紹用來提升專注力，能夠順暢完成工作的知識與方法。

不過在此之前，我想先告訴你一件事。那就是：

「如今是理所當然地無法專注的時代。因此，對於無法專注，不必感到罪惡。」

誠如上述，相較於十年前、二十年前的人們，我們活在妨礙專注力的因素多如牛毛的時代，要長時間專注已經不可能。

那麼，是否不要使用其最大的因素——電腦和智慧型手機就行了？亦即「數位斷捨離」。

我認為，這是一個有效的方法，可是究竟是否為實際的選項？

即使下定決心「我絕對不看手機！」關閉電源，也會心想「搞不好有人要和我緊急聯絡」、「那則新聞事件後續如何？」等，反而更在意而無法專注。

也就是說，我想說的是對於「無法長時間專注！」不必感到罪惡，也不必認為「必須更專注」。

我想，大家都有這種經驗，「無法專注！」這種罪惡感會進一步妨礙自己的專注力。這或許也可稱為「焦躁感」。各位應該也有這種經驗，一味焦躁地心想「必須專注、必須專注」，時間不知不覺間平白流逝……學生時期，即使心想

「必須讀書準備考試」，面向書桌也無法專注，忍不住伸手拿起漫畫，一看就忘了時間，結果更加焦躁，什麼事也沒做好……

沒錯，「必須專注」這種想法，正是妨礙你專注的主因。反而要心想「無法專注是理所當然的」，這正是本書的「專注」起點。

☑改變「專注」的定義

話雖如此，我並不是要你可以不用專注。

既然所有人都無法專注，專注便成為超前他人的核心技能，乃是不爭的事實。

首先，我希望你改變「專注」這件事的定義。

舉例來說，你會怎麼想像「專注的狀態」？

● 為了製作明天的提案資料，
我要在別的房間閉關，心無旁騖地使用 PowerPoint。

● 心想「好~今天要澈底討論！」
和成員窩在集訓處，一整晚不眠不休地討論。

● 為了獲得資訊，花一整天一口氣看完堆積如山的書。

倘若腦海浮現以上這些畫面，請立刻捨棄這種想法。

許多人想到的專注，八成像是這樣，「決定『我要專注！』在某個不受干擾的地方閉關，花1小時、2小時，或者半天左右，心無旁騖地進行那件事」。

但誠如上述，如今實際上難以做到。

而事實上，「長時間持續專注對於人而言，並非一件理所當然的事」。

關於「人的專注力能夠維持多久」，有各種研究和數據，但是許多數據都顯示，「人的專注力持續不了多久」。

我最認同的數據是，「頂多能夠專注10到15分鐘」。我也是如此，做同一件事10分鐘，不知不覺間，別件事就會浮現腦海，或者忍不住想要動一動身體。從前，我在這種時候也會心想「必須專注」，但是如今知道這是專注力中斷的訊號，所以此時會中場休息5分鐘左右。

儘管這麼做，也不會對我的工作效率造成妨礙。身兼顧問和作家的同時，參與企業的人事改革專案，在各種研討會擔任講師，我游刃有餘地完成多種工作。

因此，請各位不必以「唉～我又無法專注」、「就算想要專注於工作，10分鐘就是極限了」，來責備自己。

☑何謂「不專注的專注」？

「把自己關在一個地方，心無旁騖地貫注於某件事」這種專注已不合時宜。「稍微專注，稍微休息，不專注的專注」，才是符合現實、我所提倡的專注模式。

重要的是，澈底使用能夠專注的10分鐘或15分鐘全神貫注，感到自己無法專注時就休息，可說是「間歇的專注」。

雖然專注的時間也有個人差異，但是我身邊許多大學教授和活躍於商業界的人士，都非常能善用這種「間歇的專注」。

舉例來說，明治大學文學院教授、也是暢銷作家的齋藤孝，會用馬表以秒為單位計時，完成會議討論等工作。如此一來，就能避免無謂的冗長會議等需要溝通的場合。

我從中階主管的口中，經常聽到的煩惱是「明明想要專注工作，但是屬下頻繁跟我聯絡，令我無法專注」。

我從正在育兒的父母口中，時常聽到「我忙於照顧孩子，騰不出專注的完整時間」。

這樣也無妨——敬請捨棄「為了專注，騰出完整時間」，以及「能夠維持長時間的專注狀態」這種想法，因為這反而會剝奪你的專注力。

第 1 章的總結

☑智慧型手機要在「沒有事要做時」、「專注力」中斷時使用。

☑電腦或智慧型手機的通知會打斷我們的專注。

☑資訊氾濫，能夠透過網路輕易地搜尋到，我們隨時能夠知道想要知道的事。

☑太過在意「必須專注」，反而令人無法專注。

☑人是一種無法長時間專注的生物。

第 2 章

你無法專注的五個理由

大量的判斷・立刻回覆的束縛・
資訊的魔力・隱形疲勞・真正的理由

1「大量的判斷」——現代要決定的事太多

在第1章，提到「如今是理所當然地無法專注的時代」。那麼，妨礙你專注的原因是什麼？

除了「智慧型手機」之外，還有許多妨礙你專注的事物。即使無法完全排除它們，只要「意識」到它們，你的專注力應該也會提升。

此外，或許也有人仍舊糾結於「無法專注的問題在於自己……」這種責難心情。然而，一直抱持這種心情也無法專注。

在此，我想要從各種角度，論述「無法專注的理由」。

☑自由選項多，人就會煩惱

人的任何行動皆需要「判斷」。早上起床，第一件事要做什麼？穿哪件衣服？午餐要吃什麼？……

工作更不用說，是一連串的判斷。採用A方案、或者採用B方案？優先向哪位顧客介紹商品？進行線上行銷，還是加強在店頭銷售？……

然而，你應該知道人一天能夠判斷的量有極限。

腦神經外科醫師築山節，在著作《腦神經外科醫師教你！如何打造「不會疲勞的大腦」》（脳神経外科医が教える！「疲れない脳」の作り方）中提到下列內容。

——

據說人一天能夠拿起物品的總重為七噸（7,000kg）左右。因此，即使身體再強壯的人，若是進行超量的工作，肌肉就會累積疲勞，譬如發生令人難受的腰痛。（中間文字省略）。
如同體能工作有極限，腦力工作也當然有極限。（中間文字省略）
今天的工作或許會解決，但是該影響會留到明天。結果，該影響也會波及明天的工作總量。

也就是說，若是超過能夠判斷的極限，判斷力就會明顯降低，變成「無法專注判斷」的狀態。一般人「到了傍晚，專注力就會降低」這種狀態，判斷力枯竭正是主要原因。

現代人的「判斷」量大幅增加，其原因是生活變得豐富、便利，因此選項增加，需要做判斷的場合變多了。

一天進行的「判斷」數量和其方法

一天進行的「判斷」數量

大人為 35,000 件／兒童為 3,000 件

需要「判斷」的事有哪些？

- 要吃什麼 ‧ 服藥 ‧ 購買的物品
- 要相信的事 ‧ 和誰一起度過時間
- 要說什麼話才好……等等

做出「判斷」的標準為何？

判斷的標準有多種，決定選擇何種因人而異：

- **衝動性**：往往是人們的第一個選項，以衝動做出判斷。
- **既定規範**：對於有選擇障礙的人們而言，最安全且熱門的判斷標準。
- **委任**：交由有能力且值得信賴的他人裁決。
- **迴避／忽視**：為了避免承擔責任，或者純粹為了防止被責任壓垮，選擇不做出決定。
- **取得平衡**：討論與比較相關的因素，在當下做出最佳決定。
- **排出優先順位和回顧**：對可能造成最大影響的決定，投注最多的能量、心力、勞力……並且花最多的時間和他人討論、思考前因後果，最終做出決定。

資料來源：羅伯茨衛斯理學院（https://go.roberts.edu/leadingedge/the-great-choices-of-strategic-leaders

讓我們舉飲食為例。

江戶時代的農家，八成每天都吃類似的食物。相對地，如今在超市，食材琳瑯滿目，想動手做什麼菜餚都可以。即使不自己親手下廚，也有無數的選項，像是外食、外送、買熟食回家等等。

如今生活肯定變得便利，但是光看「判斷」這一個層面，則是次數明顯增加。「今天要煮什麼菜？」反而成了壓力，可說是選項多到數不清才會有的煩惱。

☑自由並非易事

工作也是一樣。

每天在相同時間上班，做上司指派的工作，準時下班回家……這種工作形態確實正在減少。許多職場從「完成上司指派的工作」，轉變成「自己思考達成目標的方法」。

日本昭和時期的業務員，會「從上司手上拿到顧客清單，被吩咐從頭開始依序打電話」。雖然一一打電話是件苦差事，但是不必進行任何判斷。

相對地，如今業務員有無數的選項。像是如何獲得顧客清單？聯絡對方是打電話、傳簡訊或是在社群訊息才好？洽商要實體還是遠距進行？判斷量增加了不少。

同時，因彈性工時制度和遠距工作的發展，連「幾點上班」、「去公司或居家工作」都必須自己決定。

生活和工作中的自由度增加，如果換個說法，也等於是「所有事都必須自己判斷」。

在此，請稍微試著回顧十年前、二十年前的生活。是否覺得比起從前，如今判斷的次數多到令人驚訝？

在不知不覺間，自由度反而妨礙了你的專注力。

☑用來維持判斷力的兩個方法

遺憾的是，無論你再怎麼努力，實際上難以增加一天能夠做出決定的數量。人類大腦結構的進化趕不上變化。

倘若如此，能夠做的事有兩個：

一是：

「如果覺得專注力＝判斷力降低，就乾脆放寬心，心想『今天能夠判斷的量用完了，再努力也沒有意義，不可能繼續專注了』，就此放下工作。」

我過去任職的麥肯錫，公司裡的許多顧問正是採取這種工作方式。他們不會浪費時間加班，假如判斷「今天到此為止」，就會趕緊回家。他們掌握了自己的「專注力容量」。

之所以能這麼做，是因為顧問是專案的決策者，具有掌控權。

☑ 一大早查看電子郵件的潛藏「陷阱」

至於對自己的工作沒有掌控權的人，提供你另一個方法：「竭盡所能減少判斷的量」。

關於其具體方法，將於後面詳述。在此，先建議一件希望你務必做的事。那就是「停止在一大早查看電子郵件」。

或許有人覺得處理電子郵件是輕鬆的工作，但其實這是一連串大量的「判斷」。瀏覽一封封電子郵件，必須在大腦中判斷「這封電子郵件應該馬上回覆」、「待會兒回覆也可以」等等。即使都是小事，但是它們會確實奪走你的判斷力容量。

假設一早收到一百封電子郵件，光是回覆它們，一整天的判斷量就會歸零。

一大早查看電子郵件，意外地令人心情愉悅。這是當然的，因為早上頭腦清晰，判斷量也尚且處於飽滿的狀態，所以會處理神速。

我待在麥肯錫時，經常舉行「早餐會議」。上午八點起約一個小時，一邊吃三明治等輕食一邊開會，我清楚記得能夠在會議中專注地討論。基於經驗法則，理解到通常專注力較高的時間是上午。

將「判斷力最佳狀態」用於查看電子郵件，是件浪費的事，應該善用於更重要的工作。

我也明白，多數人「不能完全不查看電子郵件」，所以我建議，一大早看郵件進行的判斷頂多是，「該打開哪些電子郵件」就好。

在大量的電子郵件中，判斷該打開哪些，其他就放著。以「啊！這封最好馬上回覆」、「這封下午再回也不要緊」這種形式處理，只打開現在該看的電子郵件。這樣應該夠避免無謂地耗竭判斷力。

2「立刻回覆的悲劇」
——回覆聊天訊息，一回神半天就沒了

妨礙我們專注的，不只有電子郵件。「聊天訊息」反而比電子郵件更棘手。無論是私生活或工作中，溝通的主流已逐漸從電子郵件，轉移至社群軟體。私生活中，逐漸理所當然地使用 LINE 等聊天 App，而在公司則是使用 Slack（雲端即時通訊軟體）和 Chatwork（雲端會議室）等工具。它們非常方便，我也常用。

然而，這些聊天訊息成為剝奪現代人專注力的一大原因。

原因之一是，聊天訊息遠比電子郵件更接近即時溝通。

不管你忙不忙，通知隨時響個不停。當然可以調成靜音，但是聊天訊息令人覺得必須馬上回覆，而且實際上，對方也如此要求。若是電子郵件，置之不理一

天左右也不會太過在意，但是換作聊天訊息，別說是一天了，光是丟著不回覆一到兩小時，有時候對方就會納悶「這個人為何不回覆？」

尤其對於年輕世代而言，透過聊天訊息的溝通是理所當然的，「立刻回覆」是聊天訊息的基本。

按照主題，建立各個聊天室的「群組」這個功能也很方便，但是手上負責多個專案時，群組就會如雨後春筍般不斷增加，時常連自己也搞不清楚哪個群組正在進行哪種對話。

而忙於處理聊天訊息的過程中，赫然回神，已經傍晚了……不少人有過這種經驗。這種事好像不僅發生於日本，正在全世界發生。

不用說，聊天訊息也會占掉我們的「判斷」容量。我們被迫進行瑣碎的大量判斷，浪費判斷力的容量，喪失了專注力。

☑不疲勞的簡單方法

針對聊天訊息，在電子郵件時介紹過的「排出優先順序」這個方法很有效。也就是說，只判斷「要回覆哪個聊天訊息」，除此之外的聊天訊息先保留，藉此減少判斷的數量。

另一個影響判斷的重點是「即時回覆」。透過聊天訊息的溝通，往往不會一次就結束。

「A和B哪個比較好？」

「我覺得B比較好。」

「可是，B會不會要擔心這種事？」

「確實令人擔心，但是我覺得A也一樣令人擔心。」

「可是，A還有其他令人擔心的事。」

「什麼事？」

聊天訊息會像這樣沒完沒了地持續下去，而且每次回覆，你都要做「判斷」。

既然如此，直接找對方當面談或講電話解決比較快，而且「判斷的總量」應該也會減少。

但我認為，最終問題是能否看開，做出「可以不立即回覆」這個結論。

或許你會覺得「不立即回覆會令對方反感」。可是，若是不立即回覆，這段人際關係就會消失，那就不必一輩子隱忍持續這種有負擔的人際關係。

工作也是如此。再說，假若是必須立即回覆的案子，對方應該會立刻打電話或約時間親自拜訪。

我本身不是迅速回覆電子郵件和聊天訊息的人。久而久之，對方就會理解「那個人不會那麼快回覆」，降低對我立即回覆的期待，給我寬裕時程做出回應的信件和訊息反而變多。

當然，若你能夠立即回覆也行。可是心裡放下「必須即時回覆」這種壓力，更為重要。

3「資訊的魔力」
——越想知道越是一頭霧水

☑為何比爾．蓋茲和賈伯斯都不讓孩子持有智慧型手機？

有一個令人深感興趣的事實。

微軟創辦人比爾．蓋茲，嚴格限制在家裡使用數位裝置。據說他在孩子十四歲之前，禁止孩子持有手機，晚餐時更是不能使用手機。

蘋果創辦人賈伯斯也在採訪中回答，他沒有讓孩子們使用上市後引發全球風潮的「iPad」。

他們兩位是創造出網路及智慧型手機時代的核心人物，以上行為儼然是自我否定。

究竟用意為何？

雖然不明白比爾．蓋茲和賈伯斯的真正用意，但是我推測其中一個理由是「孩子的識字能力尚且不足，不該讓他們曝露在龐大的資訊中」。

沒錯，如今顯然「資訊過多」。

☑「資訊過多」所妨礙的事物

我認為，現代人可說是「手機中毒」。在電車上，滑手機的人明顯多於看書的人（如今幾乎見不到看報紙的人），就連搭電梯的短暫幾秒鐘、等紅燈的須臾片刻，只稍有一點時間，大部分的人都盯著手機。邊吃飯邊看手機的人也很多。眾所周知，「走路滑手機」這個行為已成為社會問題。

智慧型手機／行動電話的使用時間法

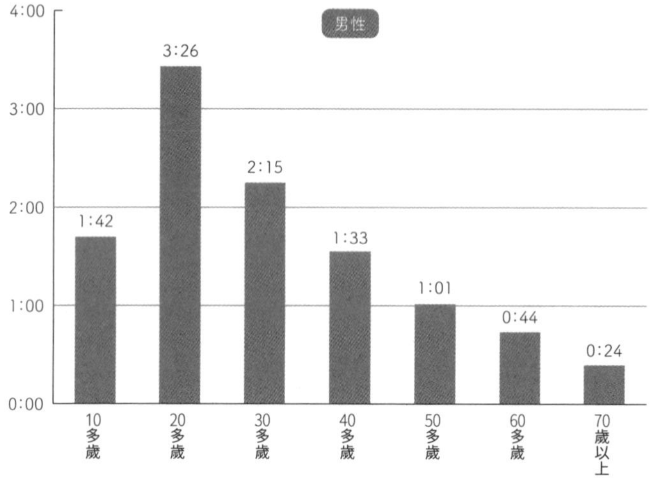

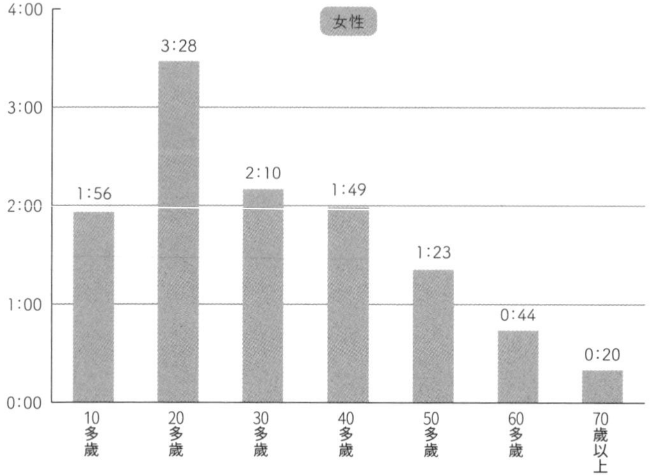

資料來源：基於 NHK 放送文化研究所「智慧型手機的使用時間為一天多久？」（2021 年）製作

我們因智慧型手機普及，隨時隨地都能輕易接觸大量的資訊。更正確地說，我們獲得的資訊量因網路出現而大幅增加，透過智慧型手機這種裝置，隨時隨地都能獲得大量的資訊。

而這些資訊量仍持續增加。根據日本總務省的數據，二〇一九年十一月的數據中，日本的寬頻用戶的總下載流量，在一年內增加15.3%。此外，根據思科系統（Cisco Systems）的數據，月ＩＰ流量於二〇二二年達到396艾位元組（Exabyte，縮寫為EB），預估從二〇一七年的五年內增加至三倍。

日本寬頻用戶的總下載流量

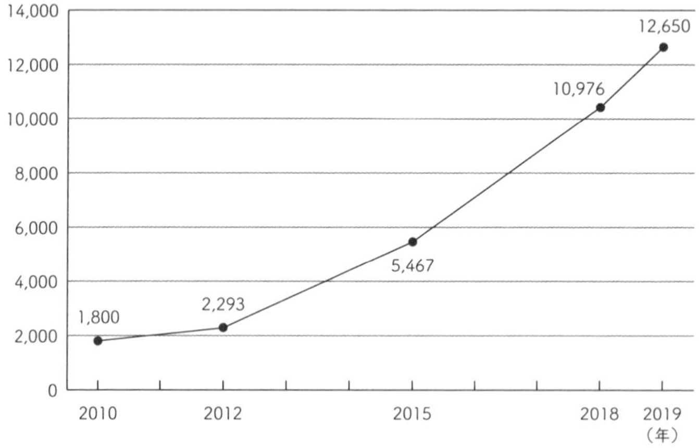

資料來源：基於日本總務省資訊通訊白皮書「數據流通量的變化」（2020 年）製作

無法斷定流量增加等於資訊量增加，但是資訊量加速度地增加，乃是不爭的事實。

資訊這種東西的特徵是「知道得越多，越想知道更多」。我以前也常在網上閱讀某篇報導時，由於好奇連鎖式地點入其他報導，回過神來，時間已過了一個小時……想必許多人有同樣的經驗。

有人會認為「資訊多有什麼不好」?!

然而，實際上「資訊過多」孕育著大問題。

它確實阻礙著你的專注力。

☑ 選項多，人就無法前進

為何資訊過多會奪走你的判斷力？美國哥倫比亞大學曾進行一個有趣的實驗，證明了這一點。

一個小組販售二十四種果醬，另一個小組只準備六種果醬販售。你認為哪一個小組賣出較多果醬？答案是選項少的小組，而且兩者竟然相差十倍！（https://www.youtube.com/watch?v=1pq5jnM1C-A）

我們往往認為選項多就是選擇範圍變大，能夠增加適當的選擇，但是光看實驗結果，選項多反而會變成選擇的障礙，出現許多無法做出選擇的人。

這個實驗給予行銷從業人員莫大的啟發。許多人認為，盡量增加商品種類會獲得顧客支持，但實際上品項增加太多，顧客有可能變得無法選擇。最近，刻意縮減菜色的「〇〇專賣店」這種餐飲店增加，便是利用這種消費者心理。

此實際結果基於「專注力」這個觀點，也讓我們意識到一件重要的事。也就是：資訊多，人就無法判斷。選項多會降低「專注力」。

☑選項多，會讓人選不到自己想要的事物

最典型的例子之一就是「換工作」。

近來促進雇用流動化，換工作逐漸變得理所當然。有許多轉職網站和轉職仲介，求職者能夠輕鬆地利用。

如果決定換工作的人在這種網站登錄，就會收到無數的徵才資訊。在多個轉職網站和轉職仲介登錄，想要獲得更多資訊的人也變多。

然而，這反而令想要轉職的人大傷腦筋。

因為會心想「A公司正是自己想做的工作。可是，B公司的待遇比較好。基於上班地點這一點來看，C公司也令人難以割捨。嗯~無法決定。考慮一下再做決定吧。話說回來，或許擴大業界，思考一下職涯發展比較好」。

或是覺得「搞不好會有條件更好的公司，現在決定可能會吃虧」。結果，不少人工作沒換成，無疾而終。

這是由於資訊量過多，無法展開行動的典型案例。

此外，如今有各種美食網站，資訊量太多，結果反而許多人懶得外出用餐，或者懶得做選擇而只去常去的店。這也可說是「資訊過多的弊病」。

☑現代人喪失思考的時間

其實在顧問界，從以前就一直提到這種資訊過多的弊病。波士頓諮詢公司（Boston Consulting Group）前日本代表內田和成，在著作《輸出思考》（アウトプット思考）中，以「網羅思考的陷阱」一詞，對資訊過多的弊病敲響警鐘。

現代人如果想要蒐集，就能蒐集到無窮無盡的資訊，將有限時間的九成用於蒐集資訊，卻無法撥出足夠時間在重要的「思考」與「判斷」上。

在顧問界，有一個廣為人知的專業術語，叫做「80／20法則」。

對於顧問而言，蒐集資訊是非常重要的工作，但是再怎麼蒐集，也不會抵達

「絕對正確」這個結論。蒐集資訊過多，它反而會變成雜訊，甚至成為做出結論的阻礙。因此，我會採用「如果獲得80％的確證就行動」這個規則，防止資訊過多成為絆腳石。

我們總是接觸大量的資訊，在不知不覺間，對專注力造成影響。

話雖如此，實際上不可能「不使用電腦」、「不使用手機」。然而，至少應該能夠刻意做到「不在零碎的時間看手機」。

光是如此，對於恢復專注力就會確實出現效果。

4「隱形疲勞」——不知不覺間，侵蝕你的「疲勞」是？

「資訊過多」對於專注力而言是扣分，這有另一個極為簡單的理由，那就是「因為會疲勞」。

有時候大腦會處理不完各種資訊，更令人不能輕忽的是「眼睛疲勞」。

☑智慧型手機剝奪了「睡眠」

二〇一六年，滑手機造成的眼睛疲勞和頸椎變形令人擔憂。當時，北海學園大學伊熊克己教授調查學生的健康狀態，據說調查對象的手機普及率為98.5%。

根據此「學生的智慧型手機使用狀況和健康相關的調查研究」，一天的手機平均使用時間為「1～3小時」的最多，占38.6％，而女學生中，「3～5小時」占51.6％，遠超出其他選項。

他們使用手機的時間點和社會人士相去不遠，像是「就寢時，躺在床上」、「在家的自由時間」、「放學後」、「休息時間」、「上課時」、「上學之前的時間」、「通學時」、「打工時」、「回家後」等等。

在此，我更關注的是睡眠時間和睡眠效果的差異。男女的睡眠時間有82％為「5～8小時」，看似有足夠的睡眠時間，但是回答「晚上難以入睡」的學生為66.7％，回答「早上爬不起來」的學生為33.3％。

長時間使用手機造成的妨礙入睡和眼睛疲勞，一定會使得白天的專注力低下。

此外，能力再高的運動選手也一樣，若身體並非在絕佳狀態，就無法發揮十成的表現。

在二〇二二年的ＦＩＦＡ卡達世界盃足球賽中，日本隊晉級至十六強，日本選手久保健英在對戰克羅埃西亞的八強戰中，因身體不適而沒有上場。我想，他一定全心想要上場，但是考慮到團隊而在場邊觀戰，久保選手想必很不甘心。

白領階級的上班族，在工作中不太會使用勞力，但相對地用「眼」過度。眼睛的重要程度，堪比足球選手的腳。

眼睛若非處於絕佳的狀態，鐵定就無法專注。

☑「TP值（時間價格比）消費」的終點

就這個層面而言，我非常擔心的是所謂的「倍速文化」。

這是以1.5倍至2倍的速度，觀看影片和聽聲音，能夠更有效率地獲得資訊。YouTube 一開始沒有倍速功能，於二〇一〇年代後期新增了能夠選擇速度的按鈕。越來越多人以倍速觀看原本該慢慢欣賞的電視劇和電影，令人驚訝，這也是基於「想要迅速知道劇情大綱」這種需求。

在「資訊過多」和「眼睛疲勞」這兩個層面中，倍數文化成為阻礙專注力的因素自不待言。

即使沒有倍速觀看，資訊的速度感也比從前快上許多，不可同日而語。人們開始一部接一部地播放 TikTok 等短影音，它確實很吸引人，但是刺激增強，相對地也令人感到疲勞。

沒錯，現代人就是「疲勞」。

☑現代人甚至沒有自覺到疲勞

問題在於許多人並無覺察到這種疲勞。資訊過多造成的疲勞不同於身體的疲勞。眼睛疲勞一旦慢性化，會難以察覺到它。

在疲勞的狀態下，想要專注於什麼，但是做不到。儘管如此，還是努力想「專注、專注」，於是更加疲勞……我看到許多人陷入這種負面螺旋。

有另一個量表能夠知道你欠缺專注力，是否為疲勞所致。

在工作時，會不會忽然心想「那個問題怎麼辦？」一股不安襲上心頭，或者想要睡覺，上床後突然擔憂工作的事，而難以入睡。另外，你會不會突然心想「完蛋了」，而感到絕望？

假如這些情況頻繁發生，你就是比自己想像中更疲勞。

太宰治的名作《奔跑吧梅洛斯》中，有一個象徵性的場景。梅洛斯抱持幫助朋友這個信念，持續奔跑，但是因河川氾濫和盜賊襲擊而精疲力盡，他最後如此想著：

> 仔細想想，正義、誠實、愛，簡直無聊透頂。殺害別人，自己活著，這不就是人世間的常規？唉～一切都愚蠢至極。我是醜陋的背叛者。要殺要剮隨便你。我無可奈何。

沒錯，當疲勞來襲，連梅洛斯也險些被不安和絕望壓垮。

然而，他後來偶然喝了一口附近的河水，恢復體力後，下定決心再度奔跑起來。

由此可知，「自覺到疲勞並休息」，正是拾回正常判斷力所不可或缺的要素。

☑「問題堆積如山」時，就要休息

對於抱持「工作做不完」、「問題堆積如山」這種煩惱的人來說，我經常建議：「你就當作被騙，請好好睡一覺。」

我若是認為「繼續以疲勞的狀態來做出判斷很危險」，除非是相當緊急的案子，否則就會好好休息，明天早上再以清醒的狀態來進行判斷。

而在充分休息之後，往往會意識到昨天覺得是大問題的事，其實沒什麼大不了。

三更半夜時覺得「啊！那個問題得設法解決……」「不早點回覆屬下的這個問題就糟了……」但是到了隔天早上，卻意識到「狀況沒有那麼嚴重啊」。大多數的案例中，都只是自己擔心得太早。

疲勞時，任何事都會成為擔心的對象，心情變得消極。擔心不必擔心的事，變得心緒不寧，專注力不斷被奪走。

我在麥肯錫工作時，有位資深員工從不加班，以跑百米的速度完成工作。他有時也是工作繁多，但是這種時候也不會加班，而是比平常更早來工作。他八成也察覺到疲勞時做工作的壞處。

我本身則是經常在早上花2至3小時，就能完成一般要花5到6小時才能做完的工作。

☑凡事都有適當的時間點

我想要提及一件和專注力較無關的事。那就是凡事都有適當的「時間點」，並非什麼事都必須快點做。

根據丹尼爾・平克（Daniel Pink）的著作《什麼時候是好時候：掌握完美時機的科學祕密》（The Scientific Secrets of Perfect Timing），有一件事放諸四海皆準。

> 康乃爾大學的兩位社會學家——邁克爾・梅西（Michael Macy）和史考特・高德（Scott Golder），分析八十四國二百四十萬名使用者於兩年內發布的五億多則 Twitter 貼文（註：Twitter 如今改名為X）。他們兩人想要運用這座資訊的寶山，測量人的情緒。尤其是「正面的情緒狀態」（熱情、自信、行動敏捷等情緒）和「負面的情緒狀態」（憤怒、無精打采、罪惡感等情緒），他們想要釐清這兩種情緒狀態會隨著時間如何變化。（中間文字省略）

梅西和高德發現，人們在清醒時存在令人吃驚、具有一貫性的模式，於知名雜誌《科學》發表該結果。正面的情緒狀態——也就是表現貼文者活力十足，能量充沛，充滿希望的詞彙，大概會在上午達到高峰，下午突然跌入谷底，到了傍晚再度升高。無論 Twitter 使用者是美國人或亞洲人、穆斯林或運動員、黑人或白人或其他有色人種都無關。他們兩人發表：「時間造成影響的模式在不同文化或地理上遙遠的地點，都會出現類似的模式。」（中間文字省略）這跟大陸及時差也無關，如同漲潮、退潮規律性地反覆一樣，一天中的變動——高峰、低谷、反彈——盡皆相同。

如果以生活的例子來說，育兒是最符合規律的。儘管有個人差異，出生後不久就想「讓嬰兒走路」根本不可能，必須等待時間到來。

此外，也有數據指出，太早的英語教育會造成反效果；相反地，據說要讓運動神經發展，必須在某個年齡之前，體驗各種運動。

我本身也有這種經驗。

當時，我的著作《麥肯錫新人培訓7堂課》出版，旋即成為暢銷書。其實這本書從我和編輯說「可行」開始，內容企劃在一年內毫無進展。

直到有一天，我忽然主動和編輯聯絡，說「差不多該動手了吧」，編輯回覆「我也覺得差不多該著手企劃了」，於是再度展開行動。像是從沒停滯一年般的順利進展，最後出版成書。

如今回想起來，覺得就是那本書的「時機」來臨了。從此之後，我將「不必勉強進行的事，不要勉強進行」這件事謹記在心。

雖然是題外話，其實本書也是提案後約一年，幾乎沒有進展。它和《麥肯錫新人培訓7堂課》一樣，從某一刻突然開始啟動了。我想，這就是本書的「時機」已到來。

正因為如今「TP值消費」一詞普及，所以希望你務必意識到，刻意「別急」所帶來的驚喜。

5「真正的理由」——人的專注力只有15分鐘？

如同在上一章也提到，我們無法專注5、6小時。誠如數據所示，只能專注10到15分鐘左右。

這件事在教育界似乎也逐漸成為常識。

東京大學的池谷裕二教授針對專注力和記憶之間的關係，闡述如下：

池谷教授針對學習英文單字的國中生的測驗結果，在論文中提到：「若是觀察各組的測驗分數，隔天『學習15分鐘×3（共45分鐘）』的組別，超越『學習60分鐘』的組別，差距在一週後進一步拉大。從這個結果來看，『學習15分鐘×3（共45分鐘）』這一組的中間有休息時間，對於長期記憶可能較為有效。」

（朝日新聞數位版 http://www.asahi.com/ad/15minutes/article_02.html）

說到此，我在學生時代也有好幾次這種經驗，儘管我在考試前想要熬夜讀書，卻分心做別的事，根本沒念到書。無論是現在或從前，「長時間專注讀書」或許不太有效果。

相反地，當自己埋首於喜愛的事，不知不覺就過了好幾個小時。換句話說，無法全神貫注，往往是因為在做著不喜歡的事。

☑人無法專注是理所當然的事

關於這一點，也從生物學的觀點獲得證明。

遠古人類在生活中，經常畏懼著無常的大自然和外敵。不知何時會有天災，不知何時猛獸會襲擊而來。如果專注於一件事，處於所謂「完全沉浸」的狀態，或許就無法察覺到從身後悄悄靠近自己的猛獸。

據說正因如此，人類必須隨時分散注意力，無法專注，這可說是刻在我們基因上的「本能」。

第 2 章的總結

☑自由選擇，使得需要判斷的事情大量增加。

☑聊天訊息要立即回覆，零碎大量的訊息往來，不知不覺奪走了我們的專注和時間。

☑資訊過多是令人不知該調查到哪種程度、如何選擇的原因之一。

☑眼睛疲勞與資訊過多，使得我們在不知不覺間感到累。

☑人的專注力原本就是 10 到 15 分鐘左右，但是卻想要長時間專注，反而徒勞無功。

第 3 章

「專注」的定義在 AI 時代有所改變

人必須具備的新技能

「侵蝕」——二〇三〇年，一千六百六十萬名受雇者會被AI取代？

二〇一三年，英國牛津大學的卡爾．貝內迪克特．弗雷（Carl Benedikt Frey）博士、麥克．奧斯本（Michael A. Osborne）副教授發表的論文《就業的未來》（The Future of Employment），引發廣大的話題。

根據此論文，美國47％的工作在今後十至二十年內，被機器人和ＡＩ等機器取代的風險為70％。

具體而言，預估今後十年內，「銀行的融資負責人」、「餐廳的帶位人員」、「收銀人員」、「律師助理」、「記帳、會計、監查的行政人員」、「測量技術人員、地圖製作技術人員」等工作，會被機器取代。

（https://gendai.media/articles/-/40925）

論文發表約十年後的如今回顧，不知該說是意外或幸運，被機器人和 AI 取代的工作有限。

然而，此潮流因「生成 AI」的出現，正在一口氣加速。生成 AI「ChatGPT」於二〇二二年九月公開，成為話題。我想，各位應該也都聽過。生成 AI 是 AI 透過對話，生成文章，譬如詢問它「關於領導能力，重要的事為何？」生成 AI 就會基於從網路上蒐集到的資訊，立刻轉化為文章。我也經常聽說，生成 AI 寫的報告比人類寫的報告更完整。其能力快速進化，如今比人更迅速且有效率地完成蒐尋等工作。

由此可見，奧斯本副教授等人的預測正在快速變成現實。

舉例來說，律師助理的大部分工作內容是找資料和製作合約。這兩者都是生成 AI 擅長的領域。此外，銀行的融資負責人必須具備的是判斷融資對象的授信額度，雖說經驗也很重要，但是精查財務狀況等的數字更重要，這也是 AI 擅長的部分。這兩種工作在數年內被 AI 取代的可能性很高。

☑行政工作也注定消失

此外，不同於AI，從幾前年起，導入「RPA」（機器人流程自動化；Robotic Process Automation）的企業越來越多。RPA是指能夠自動進行機械性的工作，例如將透過電子郵件寄送過來的銷售數據，轉記至Excel上傳至公司內部系統。這種工作在此之前，是由公司內的行政人員完成，但是目前能夠將這種工作全部交給機器人。此外，搭配RPA和AI的新系統也逐漸誕生。

如此一來，預估「行政人員」的工作會大幅減少。這些工作也如同奧斯本副教授等人的預測一般，「工作消失」是現在進行式。

☑必須專注的工作開始逐漸消失？

重新思考一下，會發現被視為即將「消失」的許多工作，具備所謂的「舊式專注」。

彙整大量資料，製作報告、一字一句確認合約有無錯誤、正確無誤地轉記銷售數字。

它們都是「需要高度專注力的工作」，必須坐在辦公桌前一整天，全神貫注工作。

然而，這些領域的工作，再怎麼努力提升專注力，也比不上 AI。仔細一想，這是理所當然的事，AI 能夠毫不疲勞地持續工作二十四小時，在專注力這個層面，人類根本望塵莫及。

「既然如此，是否不必提升專注力？」

我想，它的答案是「一半 YES，一半 NO」。

☑ AI 真的會搶走工作？

關於 AI 社會的未來，存在反烏托邦式的預測和烏托邦式的預測。

「工作會被ＡＩ搶走，所有人都會失業。」是反烏托邦式的預測，而「ＡＩ會替人工作，所以人們能從事喜愛的工作。」則是烏托邦式的預測。

「工作會消失」乍看之下，是反烏托邦式的預測，但是未必如此。

我的舊東家麥肯錫，在業界預測的報告方面也廣受好評，針對日本工作的未來所寫的《The future of work in Japan》這份報告中，有下列這段內容：

在日本，隨著技術的進化，預估在二〇三〇年之前，既有工作中的27％會自動化，結果有可能1,660萬名受雇者被取代。

（https://www.mckinsey.com/jp/~/media/Mckinsey/Locations/Asia/Japan/Our%20Insights/Future%20of%20work%20in%20Japan/Future%20of%20work%20Japan_v3_jp.pdf）

光看這段內容，儼然是「反烏托邦式」，但是其實這段文章有下文。

如此一來，預估除了能夠消除勞動力不足之外，還能消除加班、以及將人才分配至成長的新領域。然而，基於因自動化而可被取代的工作、新創造的工作計算，二〇三〇年的勞動力需求超出供給一百五十萬人，預估勞動力會不足。為了因應今後的勞動人口減少，必須進一步促進自動化。

☑越來越兩極化

大致瀏覽前文會發現，「AI確實會奪走許多工作，但是日本今後會發生勞動力不足，所以供給的工作反而增加」。也就是說，「AI會使所有人失業」這種未來不會到來。

不過，問題是「將人才分配至新領域」這段話。這意謂著：人們未必能夠繼續從事目前的工作，許多人可能被迫去做自己不想做的工作。

那麼，這些會消失的工作為何？

它們八成是「需要舊式專注的工作」。

上班族的未來

被AI取代的工作，如上述的行政和蒐尋資料的工作，除此之外，還有這些工作內容。

舉例來說，在計算能力上，人類再怎麼努力也比不上AI。會計部門、供需調度和庫存調度等工作，應該會接連被取代。

行銷的工作在某種層面上來說，也是「數字」的工作。觀察銷售數據和轉換率等，採取新的對策，而AI更擅長此類分析。如今已經開發出許多MA（行銷自動化；Marketing Automation）等自動工具。面對面業務等工作仍由人進行，但是其需要人數或許會大幅減少。

經理人工作會如何？

那麼，經理人工作會如何？

激勵屬下或進行公司內部調度等軟技能相關的工作，應該會繼續存在。

然而，業務主管的重要工作之一的擬定戰略，譬如關於制定「如何銷售某個商品」這種方針，將商品的銷售情況和轉換率的數據提供給ＡＩ，尋求「今天最好訂此商品的存貨」、「此商品的銷售情況鈍化，所以該停止生產」這種判斷，成果反而會提升。

實際上，這種工具也越來越多。業務主管的工作說不定遲早會變成只要批准ＡＩ導出的方針。

人事也是一樣。讓ＡＩ分析團隊成員的營收貢獻度、目標達成率等數據，感覺ＡＩ甚至能提議「這名員工的成績連續三個月下降，最好納入研習活動的對象」、「提升成績的預估未達10%，所以該討論部門是否異動」。

「ＡＩ分析數據，找出答案的能力比人類優秀」，這也可說是「專業類」的職業。

比方說，如今針對癌症的治療藥，依詳細規定來決定，像是「這種癌症要用這種藥」、「這一期的癌症要用這種藥」，但是今後若ＡＩ技術持續進步，就能從患者的ＤＮＡ特徵、癌症的進展狀況等綜合判斷，開出比如今更適合的藥。二〇一六年，在東京大學醫學科學研究所，ＩＢＭ的ＡＩ「華生」（Watson）找出癌症患者的病因而引發話題。它僅花10分鐘左右，就看出了難以診斷的特殊白血病。（https://diamond.jp/articels/-/175165）

診斷流感的ＡＩ已實用化，而今後會陸續開發能夠掌握人類容易疏忽的數值或症狀的ＡＩ。

當然，醫師不會立刻因此而變得無用。不過，專門職業的部分工作內容被ＡＩ取代的可能性相對高，無論任何業界，肯定都會出現一定數量的人才被ＡＩ搶走工作。

☑若是創造性的工作，人類就能勝過機器人？

「如果是創造性的工作，就沒問題了吧……」我很想這麼想，但即使是創造性的領域，也十分有可能被機器人取代。

譬如小說，如今是ＡＩ能寫小說的時代。

實際上，某位美國的小說家，說他在思考作品的創意時，使用了ChatGPT。

這位作家給予ChatGPT的設定是「發生在德克薩斯州小鎮的靈異推理事件」，要求「故事需要命案的被害人。被害人如何被殺害？嫌犯有四人，他們為何被懷疑？也告訴我犯人是誰」。

於是，ChatGPT補充了他自行撰寫的第一集的續篇，而且他獲得了二～七集的劇情（大致的梗概）。

（https://president.jp/-/65432?page=3）

在日本，漫畫《怪醫黑傑克》的新作使用ＡＩ發表，引發話題。實際翻閱後，其重現度令人懷疑真的是手塚治虫所畫。（《週刊少年Champion》52號「秋田書店」二〇二三年十一月二十二日上市）

此外在音樂業界，松任谷由實在五十週年紀念專輯中，收錄和自己（荒井由實）的對唱歌曲，受到了關注。以AI生成她五十年前的歌聲。初版限定版中，亦收錄荒井由實和松任谷由實的對談。

這些雖是「AI支援創作」等級的作品，但無人能一口斷定，從經典文學作品學習的AI來說，由AI撰寫小說，未來獲得文學獎的可能性，永遠是「零」。

知子醬口中「別迷迷糊糊地活著！」（譯註：這一句話擠進二〇一八年流行語大獎前十名，出自NHK電視台節目《チコちゃんに叱られる》〔知子醬開罵！〕中的主角知子醬之口），我們雖非「迷迷糊糊」活著，但是無論哪種行業、職務的人，是否都覺得未來工作會被AI搶走？

而這世上，未來工作的差距，亦即工作收入的落差可能會變得更加顯著。

也就是說，未來可能只有少數人能從事理想中的工作，許多人不得不從事非理想的工作、待遇相對差的工作。

「充實感」
——照亮未來的關鍵字

工作會因 AI 而日漸消滅。前面曾說，這乍看之下是反烏托邦式的預測，但另一方面，它也是「烏托邦式的預測」。

倘若 AI 順利地取代人們的工作，人們要做的事就會不斷減少。如果採取「從勞動中獲得解放」這種看法，天底下沒有比這更幸福的事了。

據說古希臘人之所以能夠產生哲學思想，是因為奴隸包辦了體力勞動而產生了「休閒時間」（schola）。直白地說，AI 等工具就像是現代人的奴隸，二十四小時任勞任怨地替人工作。

「需要專注力的工作，反正人類不可能贏得過 AI。與其在這種領域白費力氣掙扎，不如使用ＡＩ，善用多出來的時間，設法充實人生才是明智之舉。」

而我認為，掌握該關鍵的正是「不專注的專注」。

☑「聰明」的定義改變了

無論再怎麼專注，終究贏不了ＡＩ。那麼，我們要為了什麼而專注？其目的才是今後討論的重點。

首先，應該所有人都察覺到，為了「將知識塞進腦袋」的專注並非上策。

在此之前，「知識淵博」是一種價值，但是自從網路、ＡＩ出現，其價值一落千丈。大部分的事只要靠著搜尋就能獲得，忘記了只要再尋即可。

說到輸出知識是否為人的專長，這說法也正遭受威脅。舉例來說，前面提到的 ChatGPT 參加大學的入學考，通過了明尼蘇達大學法學院和賓州大學華頓商學院等全球知名大學的考試（二〇二三年一月二十七日，ＣＮＮ報導「ＡＩ工具 ChatGPT 陸續通過美國知名大學的考試」）。

根據報導，ChatGPT 雖然通過考試，但是成績未必是前幾名，即使在基本的領域獲得高分，但是在高難度的問題方面，則是陷入苦戰，但這類弱勢在今後應該也會漸漸改變。

此外，人類就算使出吃奶的力氣「分析」，也贏不了 AI。

那麼，關於「基於經驗，提出答案」如何？乍看之下，經驗是人類才能累積的事物。

然而，經驗可說是「過去資料的累積」，因此也可說是一種「資料分析」。如此一來，或許也是 AI 比較擅長。

話說回來，在沒有正確答案，被稱為 VUCA（Volatility〔易變性〕、Uncertainty〔不確定性〕、Complexity〔複雜性〕、Ambiguity〔模糊性〕這四個單字的首字簡寫；指瞬息萬變，難以預測的狀況）的時代，有必要找出不同以往的「正確答案」，因此有時候感覺「過去的經驗」會造成阻礙。

☑人為了「思考」而專注，勝過AI

由此看來，所謂產生「從無到有」新事物的工作，又會成為人類的專長好一陣子。

而貼近人類複雜情緒的工作，至少在現階段應該是人類才能做的工作。例如「基於數據該做這個選擇，但是考慮到每位成員的想法，要刻意做不同的選擇」，這種判斷對於ＡＩ而言，應該會很困難。

那麼，要如何形容這種貼近人類複雜情緒的行動？我認為這正是「思考」。

在麥肯錫時，上司常對我說的一句話是「感性地使用資訊！」既然身為顧問，資訊當然很重要，但若光是按照資訊分析，就會被說成「並不感性」。

也就是說，必須基於獲得的資訊，按照自己的方式「創造」。而為了做到這一點，我認為「思考」不可或缺。

如此一想，主動尋求「專注」的態度，也會隨之改變。

窩在不受任何人干擾的房間，長時間一心一意地完成一件事，為了記憶和分析而專注，可說是「舊式專注」。

為了思考而專注，反而阻礙思考，沒有任何成果。

因此我想要提倡的是：「不專注的專注」。

更具體而言，就是「適度休息、適度專注，以此反覆」。

這或許也可說是「放鬆的專注」。

「緩急」

——在麥肯錫學到的「專注的彈性」

話說回來，人類的生活因工具技術進步而驟變，變得越來越方便，並非第一次。

鐵路、汽車和飛機出現，使人們能夠短時間移動至過去要花好幾週才能到達的地方。無須特地寄信或寄送文件，只要寄送電子郵件就能立刻收到。非得去圖書館才能獲得的資訊，如今在家就唾手可得。

明明工具如此發達，為何忙碌依舊（反而更忙）。關於這一點，有各種說法，我認為其中一個理由可能是「現代人不習慣放空」。

經常聽說，日本人特別不懂得如何度假。難得休假，卻帶著工作用的電腦，整天查看電子郵件。

而其原因鐵定來自「匱乏感」。

匱乏感驅使人行動。然而，匱乏感同時總是尋求刺激。刺激是一種不可思議的東西，縱使一開始因微弱的刺激而滿足，內心也會想要更強大的刺激而興奮不已。

我認為此匱乏感也是奪走現代人專注力的主要原因。

人們看手機的理由之一也是尋求「刺激」。看新聞也是基於相同理由。換句話說，現代人之所以無法專注，並非是「因為有手機」，而是和「總是非做點什麼才肯罷休」、「總是要有刺激才能滿足」這種匱乏感有關。

☑ 不是為了完成工作而專注，而是為了「思考」和「行動」而專注

如今，我留意「不專注的專注」，從前則是採取老派的「努力的工作方式」。

大學畢業後進入麥肯錫。最初，我卯足全力埋頭苦幹。每天專注工作至深夜，一項工作結束之後，馬上進入下一項工作……日復一日。

然而，人不可能能夠長久持續那種生活，有一回，我緊繃的神經突然斷掉，險些變成所謂的「倦怠症」。當時，我才察覺到有些資深員工和成員活力異常充沛，我開始觀察自己和他們之間究竟哪裡不同。

於是，我發現我們的「專注的品質不同」。

同事當然也是專注在工作，但是並非每天從早到晚專注。他們採取的工作方式是看清「無謂的工作」和「必要的工作」，只在短時間專注於必要的工作。我記得有的資深員工「明明傍晚六點下班回家，但是交出無懈可擊的成果」，有的資深員工「以幾乎堪稱機器人的速度，完成資料」，令我驚訝得目瞪口呆。

有一天，發生了一件令我印象深刻的事。

那位資深員工原本就是工作能力強的人，有段期間被分配到太過繁重的案子，其他同事擔心他會撐不下去。

我看著他的樣子，忐忑地想：「這樣下去的話，他會不會累倒，或者只能選擇離職……」

繁重的工作仍舊持續著，他時常顧不得服裝儀容，西裝皺巴巴，令人擔心他只是勉強站立，可能隨時會暈倒。

然而，過一陣子之後，他露出了爽朗的表情，與之前的模樣判若兩人，精神煥發地工作。

我見狀滿腦子問號，下定決心詢問「發生了什麼事？」他告訴我「我在做冥想」。

此時，在我心中產生一條線，將身邊的人專注輸出高品質產能的身影，和資深員工透過冥想讓內心放鬆之後，自行創造能夠專注的狀態的身影連在一起。

那一瞬間，我領悟到「是否埋頭苦幹行不通？」「是否更放鬆地工作，能夠輸出更好的產能？」「身體在疲勞的狀態下無法專注，是否必須邊工作邊休息，讓身體恢復成能夠專注的狀態？」

☑邊休息邊工作是全球標準

就「邊休息邊工作」這個層面而言，美國可說是走在最前端。

Google 和 Amazon 等大型 IT 企業的辦公室有各種裝置，廣為人知。Google 的辦公室除了免費的餐廳之外，還有按摩室、冥想室、籃球場等，各種能夠幫助員工放鬆的地方。在 Amazon 亦可攜帶寵物工作。

即使不是 IT 企業，如今公司內部或大樓內有健身房並不罕見。

或許也有人說「公司是為了工作而來的地方，不是玩樂的地方」，但是從如今美日的差距來看，或許也證明了「適度休息，效率更好」。

「無我」

——為何一流人士會做「冥想」？

前文提到在麥肯錫遇見以「冥想」放鬆的資深員工，國外比日本更將「冥想」視為理所當然的一種減壓方法。

因 Google 員工實行而為世人所知的「正念」（mindfulness），一度也引發風潮，這也是一種「冥想」。

我本身將冥想變成習慣之後，切身感覺到專注品質的改變。

我會將冥想納入工作中，每天在固定的時間做冥想，作為例行公事。

為何冥想有助於專注？在了解這一點之間，必須思考「專注究竟是何種狀態？」

首先，讓我們聚焦於「腦波」。

腦波以其頻率的差異，大致上分成「δ波」、「θ波」、「α波」、「β波」這四種。

- δ波：深沉睡眠時。
- θ波：入睡前，意識朦朧時。
- α波：放鬆時、專注時。
- β波：處於緊張狀態時、專注時。

以上記載的是腦波大致的特徵，α波和β波都是指「專注」的狀態，而β波不只是專注，也是緊張狀態的腦波。

冥想也有不同形式，我在做的是「TM冥想」。TM冥想認為「腦波同步的狀態＝好的專注狀態」。α波、β波和其他腦波皆以相同波形起伏的狀態。我發現平常各自起伏的波形，會透過冥想而同步。

以我的感覺而言，透過腦波同步，能夠獲得「雖然放鬆，但是敏銳的狀態」、「不會過度神經緊繃，但感覺比平常更敏銳的狀態」。此外，變成同步的狀態，亦即「做到品質好的專注」，能感覺到時間緩緩流逝。

常有人說「精神專注，時間轉眼即逝」，但是我的感覺正好相反，專注時，感覺時間緩緩流逝。那種感覺或許接近棒球選手所說「眼前的球看起來停止了」。

那是所謂的「心流狀態」。心流狀態是指，愉快、輕鬆地全神貫注於活動的狀態。

舉例來說，我以一個月為單位設定目標，於上半個月專注努力時，就會覺得「啊！原來才過兩週啊！」有一種賺到時間的感覺。充滿充實感，各種事情若順利進行，焦躁的心情也會消失，內心也因此產生「從容」。相對地，若是懶散度日，一晃眼到了月底，有時候就會心一驚，「咦？已經到月底了」！

以一天為單位也是一樣，進入專注時，上午十一點就能完成意想不到的工作量，各位應該也曾有「自己今天精神很集中」這種經驗吧。

☑運動選手進入的「Zone」

目前為止，闡述了TM冥想的「腦波同步」（＝好的專注狀態），我認為透過腦波同步所能獲得的狀態，接近心理學家——米哈里．契克森米哈伊（Mihaly Csikszentmihalyi）提倡的「心流（Flow）狀態」，以及在運動界常用的「理想狀況」（Zone）。

運動選手針對「Zone」訴說的例子，不勝枚舉。

舉例來說，日本職棒史上第一位達成兩千支安打的川上哲治的故事很有名。

「眼前的球看起來停止了」這句話，出自人稱「打擊之神」的川上哲治之口。

> 據說他在一九五〇年的練習時，進入這種狀態，忘我地打擊「停止的球」。他回顧當年，他說：「我不會感到疲勞，非常享受這種狀態。」（《每日新聞》二〇二二年八月四日）

此外，提到透過進行例行儀式（儀式感）打開「專注」開關的案例中，本書第4章提及的鈴木一朗（棒球）廣為人知，還有五郎丸步（橄欖球）等選手的例子也很知名。

在足球界，活躍於世界盃的遠藤航選手在著作《DUEL：為了戰勝世界，持續尋找「最適解」！》（DUEL：世界に勝つために「最適解」を探し続けろ）提到：

> 訓練中，「全力使用全身的能量」這種使用身體的方法很沒效率，在表現上也會覺得準確度差。如何放鬆、是否能夠有效率地使用能量反而更重要。站在世界舞台上奮戰時，這是一種非常重要的感覺。

關於並非「全力使用全身的能量」，而是意識到「放鬆」的狀態，我擅自解讀為接近透過冥想所獲得的「專注」狀態。本書中提到的專注，也以下列兩點為前提：

- 如今是比從前難以「專注」的時代。
- 人原來就無法長時間專注。

我一再重申，「真正的專注」並非告訴自己「我要專注！」就能獲得，而是身心變成毫無壓力的狀態才能獲得。

我經過親身體驗，認為「真正的專注」能夠從冥想＝休息的時間、放空的時間獲得。

冥想有各種做法和流派，找到適合自己的方式就好。再說，即使不學習正宗的做法，只要「打造靜靜閉眼放空的時間」就已足夠。

希望你重新意識到「為了專注，反而不要專注」。

☑U型理論與專注的共通點——清楚掌握事物

本章的最後，我想要介紹我在思考「不專注的專注」時，所參考的重要理論。

那就是麻省理工學院（MIT）的奧圖．夏默（C. Otto Scharmer）提倡的「U型理論」。同名的著作《U型理論：不囿於過去與偏見，產生真正需要的「改變」的技術》也曾引發話題，聽過的人應該不少。

我將此理論理解為「不囿於過去，零基思考的框架」。

簡單說明106頁的圖，U型理論始於第一步「觀察、觀察、再觀察」。接著，透過「退一步反思」，進入自己想做的事和目標方向自然「湧現」的階段。然後，「思考如何執行」，踏上「行動」這一步。

先下降，然後邁向實踐上升的形狀類似「U」這個字，因此命名為「U型理論」。

舉例來說，公司組織在思考願景或新事業時，需要幾個階段，首先會蒐集各種資訊，掌握目前社會上發生了什麼事，然後思考今後該往哪種方向行動。各位在參加經營會議和企劃會議時，也會分析自己的部門所處的環境、現狀再與會，該階段正是U型理論的第一步。

不過，若是直接採用蒐集到的資訊，就會變成單純模仿其他公司。因此，要先放下這種資訊，退而思考，於是，就會真正看見自己的公司該做哪些事、想做哪些事。

先前介紹了我在麥肯錫學到的「感性地使用資訊」這一句話，我理解到用來實踐它的框架之一，就是此U型理論。

除了組織之外，個人也是一樣。

舉例來說，假設你正在思考今後該走上怎樣的職涯，想必會先蒐集該職涯相關的資訊、詢問身邊的人的意見，或者觀察四周，蒐集情報。

不過，即使某人在該職涯的成績斐然，但那終究是他人的成就，並非自己依樣畫葫蘆就會成功。因此，要先「退而反思」，才能和自己的內心深處對話。

如果能夠在 U 的最深處、底部和自己緊密連結，「自己其實想要這麼做」這樣的想法就會自然浮現，透過將它落實，就會朝著目標上升。

U 型理論

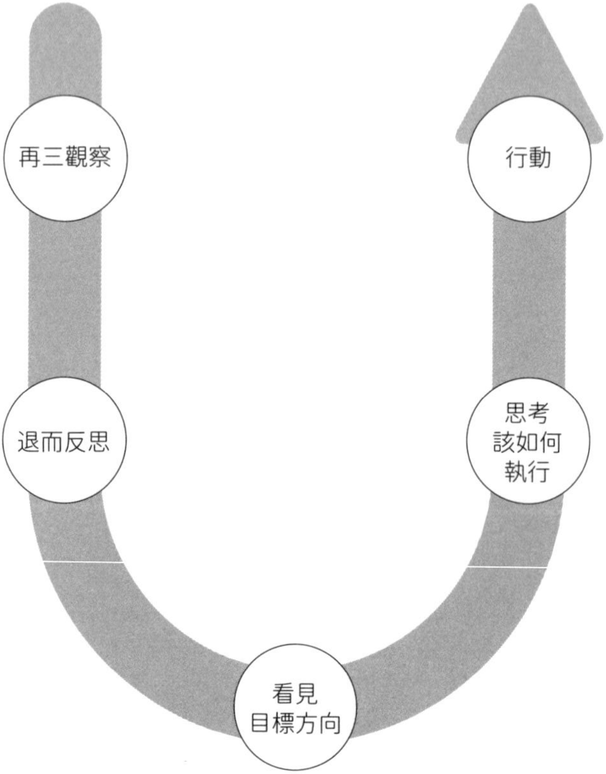
再三觀察
退而反思
看見
目標方向
思考
該如何
執行
行動

若以簡單語言訴說此階段，或許接近「化為語言」這種概念。「想像並化為語言，為了實現而執行」，這就是 U 型理論的想法。

這個理論的劃時代性在於和過去的做法（邏輯性思考、分析，提出「該做這件事」這種結論）不同，而是先面對內心深處的自己，自然會看見該做的事。

對我而言，此理論儼然在說明「不專注的專注」的重要性。

即使拚命努力專注，如果在那之後沒有「退而反思」這個階段，就無法引導出答案。透過反覆進行「專注、放下它」這種循環，能夠引導出自己獨一無二的答案。

而我認為，這個「退而反思」的階段，正是「不專注的專注」。

第 3 章的總結

☑ AI 也開始活躍於小說、漫畫、音樂創作這種創造性的領域。

☑「產生」世上沒有的「新事物」，是人的專長。

☑ AI 無法「思考」。

☑ 休息、冥想、休假……無論任何形式，透過擁有放鬆時間，增添專注時和不專注時的彈性。

☑ 透過「U 型理論」，了解「退而反思」，領會「不專注的專注」。

第 4 章

大嶋式「專注」的驚人架構

在麥肯錫
和一流企業學會的知識

摒除內心的雜念

☑不試圖專注

那麼，接下來是「實踐篇」。我想要不按順序，一口氣介紹「不專注的專注」具體方法。

在此介紹的是過去在麥肯錫和其他公司，一流商務人士所實踐的案例，以及我本身也親身嘗試，確實有效果的方法。當然有的方法不一定適合你自己，但若是對某個方法產生好奇，敬請務必試一試。

容我重申一次，其大前提是「不試圖專注」。

因為越是試圖提升專注力、越是試圖長時間專注，就越無法做到高品質的專注。

畢竟那會「疲勞」。在疲勞的狀態下，焦慮地心想「必須專注……」連原本不必做的事也會誤以為是必須做的事，變成東做一點、西做一點。

結果，要做的事一直增加，但是毫無進展；乾著急地心想「怎麼辦、怎麼辦……」一看手錶，已經快要午夜十二點，被逼入「惡魔的循環」這種狀態。

你可能有過這種經驗，睡覺前，突然一股不安湧上心頭，心想「咦，那件事怎麼樣了？」「啊！那件事也得先做好！」「這件事也得先做好！」擔憂的事和待辦事項接二連三地浮現腦海。有人稱這種情況為「頭腦清醒」，但是對我而言，與其說是「頭腦清醒」，倒不如說是「疲勞」引發的現象。直白地說，臨睡前浮現腦海的事，有八成是無謂的事，或者只是杞人憂天。

正因如此，不要鼓起幹勁，一心只想著「我要專注！」而無法專注時，首先要看開，心想：「啊，我累了，必須休息。」在無法專注的狀態下試圖專注，或者陷入不安地試圖做什麼，反而會更疲勞，永遠無法專注。

「專注力中斷時，不要試圖專注。」

這正是大嶋式專注術的「大原則」。

☑切勿再增添煩惱

沒有無煩惱的人生。然而，若是白白操心、虛擲時間，可說是自尋煩惱。換句話說，煩惱正代表著「專注於煩惱」。煩惱也無法解決任何事。

或許有時候即使再怎麼休息，不安也源源不絕地湧現……

這種時候，便是你在「生產煩惱」。

其中，最不值得的就是想起討厭的事、討厭的人，因此心煩氣躁。連對方可能都已忘記的事，你卻一直耿耿於懷，愁眉不展，沒有比這更浪費生命的事了。

麥肯錫的專家們總是面對各種難題，雖然他們用腦思考，但是心中無煩惱。我不曾看過誰無法放下自己的失敗。

有一次，我直接請教尊敬的資深員工：「為何你總是能夠平心靜氣地工作？」他回答我：「再怎麼感情用事與煩惱，工作也不會順利進展。只需要思考怎麼做能夠決定問題、達成目標，再全力執行就好。」

而實際上，許多被稱為一流顧問的人，都擁有「不為自己做不到的事煩惱」這項鐵律。

舉例來說，主辦戶外活動時，「那一天會不會是晴天」是自己無能為力的事，所以煩惱也沒用。可是，「若是下雨有何備案」則是自己能夠設法事先準備的，針對這件事思考就好。

如果專注力中斷，煩惱不斷浮現腦海，請心想「啊，我在自尋煩惱」，並且俯瞰這種愚蠢行為。

說到以上這個大原則，令我感到佩服的是將棋的棋士。將棋在對奕後，馬上會進行「感想戰」，對奕雙方針對該場對奕回顧棋局。

輸的一方就算在氣頭上，但據說許多棋士仍會冷靜回顧。

其中，藤井聰太是日本將棋史上第一位達成獨攬八冠（譯註：八大頭銜，亦即名人、龍王、王位、叡王、棋王、王將、棋聖、王座）的棋士，儘管好強不認輸（小時候對奕輸了，哭得抽抽噎噎的影像很有名），輸了也會瞬間切換情緒，面對感想戰（摘錄自《藤井聰太這麼想》〔藤井聡太、こう考える〕杉本昌隆 著）。

回顧失敗是邁向成功的捷徑。一旦失敗不要心浮氣躁或悶悶不樂，記得「進行感想戰」便是。

☑如果腦袋滿載，就寫下來

有時候被工作追著跑，或者對於未完成工作的不安襲上心頭，無法專注於眼前的事。這種時候，我想要推薦的是「寫日誌」這種方法。

情緒和雜念正因為收納於腦海中，所以揮之不去。因此，要將浮現腦海的所有事情寫在紙上。光是這麼做，思緒就會驚人地整理分明，恢復專注力。

舉例來說，像是下列這種事情。

- 聯絡A。
- 等待B回覆，思考下一步。
- 差不多該針對長期方案思考。
- 設法處理家中故障的冰箱。

如同此例，包含私人的煩惱將其全部寫下來。寫下來之後，有時候會意外發現「這種小事根本不值得煩惱」。

光是動筆寫下來，就會有效果，我會將寫下來的紙撕掉丟棄。如果煩惱忽然浮現，就飛快地寫下，馬上撕掉，反覆這麼做好幾次。如此一來，會感覺到負面能量從體內接連排出。

另外，向別人訴說也能獲得相同的效果。無論是朋友或心靈導師都可以，請向值得信賴的人訴說。

☑徹底排除雜物

為了摒除內心的雜念，也必須清除「視野內的雜物」。我的辦公桌上只放著電腦和時鐘。除此之外，視野內基本上不會看到任何雜物。因為若有物品，即使沒有意識到，它也會成為干擾，妨礙自己專注。

不必變成所謂的「極簡主義者」，但是至少要極力減少做事時會進入視野的雜物，這也有助於摒除內心的雜念。

或許有人會反駁「許多人即使辦公桌雜亂也能工作」，但是我認為「那種人如果好好整理辦公桌，就能把工作做得更好」。

話說回來，從前的我也不擅長整理。十年前興起一念，開始動手整理，至今仍維持相當整潔的狀態。

房間若有空間（留白），就會看見「自己如今需要的是什麼」。而只留需要的物品，物品自然就少，也更了解自己真正需要何物。

☑ 一天一次，擁有獨處的寧靜時光

在職場被許多人包圍，在家庭也忙於照顧家人……這種人或許很難有獨處的時間。然而，為了提升專注力，請務必打造一天一次「獨處」的時光。

最推薦的方法是遠離都會，前往森林或大海等自然界場所。然而許多人沒有這種時間，這時請去離自己最近的公園，10分鐘也好，讓自己置身於自然之中。當然別在公園滑手機了，如果可以，請關閉手機。

為何只要打造獨處的時光，專注力就會提升？其理由是能夠「屏蔽雜訊」。

我如此比喻：如今我們彷彿處於暴風雨時的海上，隨著波濤晃動，就像是置身於不知要航向何方的混亂之中。

即使是這種時候，海面下卻比海面上相對平穩，若你往下潛得越深，會越覺得海面上的暴風雨不真實。我認為，這種「深潛」的時間，正是獨處的時光。

若你連去公園的時間都沒有，也可以獨自待在會議室，或者去屋頂、陽台等地方。獨處片刻之後再回來，就會覺得世界看起來略有不同。

不判斷、不煩惱

☑看清不需要的事物——減少判斷量

第2章曾提及，「判斷量」對於專注力會造成莫大的影響。人一天能夠判斷的數量有限，因此盡量減少判斷量，是維持專注力的訣竅。

在此，我想要推薦的是「盡量減少工作以外的判斷」。

舉例來說，我為了不必考慮早餐吃什麼，每天早上都吃相同的食物，「白飯配味噌湯和納豆」。要穿什麼服裝也盡量事先決定，像是「提案的日子穿連身裙搭配夾克。至於平常的工作服，每天只需換顏色」。

人氣散文作家珍妮．蘇（Jane Su）的書中提到，「我每天中餐吃相同的食物之後，壓力一口氣減少了」，我認為這也有異曲同工之妙（摘錄自《我變成了歐巴桑》（私がオバサンになったよ」）。

此外，賈伯斯也澈底做到這一點。他每天穿著黑色高領毛衣和LEVI'S牛仔褲，他認為煩惱穿什麼衣服十分浪費時間。

或許有人覺得這些是小事，但是小判斷累積起來，到了傍晚左右就會使你精疲力盡。當然，也無法專注。

無法專注的人，請回顧一下「自己是否連無謂的事都想要判斷」。

☑以主旨判斷哪些電子郵件該看

還有一項東西會顯著消耗我們的判斷力容量，就是第2章提到的「處理電子郵件和聊天訊息」。應該也有許多人跟我一樣，一天必須處理超過百封電子郵件。

但實際上，其中真正重要的電子郵件，並不是多數。然而，「這封電子郵件不必回覆」、「這封信可以待會再處理」，一封接一封信打開閱讀，都會占去你的判斷力容量。

我認為特別有問題的是一大早處理電子郵件。這是一天中腦袋最清醒的時段，而接下來要開始做重要的工作，在這個時間點將判斷力用於「處理電子郵件」，極為浪費。

因此，切勿一大早先從將收到的電子郵件一一打開閱讀。首先，只從主旨「判斷該閱讀哪封電子郵件」。如此一來，只需「一個判斷」就解決。最後，只處理認為「這封最好要閱讀」的電子郵件。

當然，有時候無法只憑主旨判斷，結果將緊急的要事「置之不理」。有時候我也因此造成了對方的困擾。可是，假如堅持立即回覆，自己的輸出品質降低，終究自己也會成為對方的困擾。

早上要致力於早上才能做的事。我在一大早腦袋清醒的時段，不會處理電子郵件，而是製作企劃內容，或者進行重大的決策。

我認為，習慣「早上先打開所有電子郵件」的人，光是停止這麼做，專注力就會大不相同。

☑根本不該接收的電子郵件

有許多人每天接收到幾百封電子郵件，習慣早上先處理。

如同我一再重申，人的判斷量有限，那和聰明與否完全是兩回事。判斷量越多，大腦越疲勞，判斷的品質越來越低。

每天花時間處理兩、三百封電子郵件的人，該懷疑自己是否做到了正確的判斷。

電子郵件太多的人的特徵，大致上分成三種。

第一種是「接收到一大堆無謂的電子郵件」。其實那些電子郵件可能大部分是電子報、新消息的通知和定期的報告這種內容，而且幾乎不用看就能刪除。

可是，光是「要看電子報還是要刪除」，就會消耗大腦的判斷力容量。請立刻取消幾乎不看的電子報、新消息的通知和報告的訂閱。

接著，第二種是「無謂的簡訊往來」。舉例來說，和某人約時間時，若是進行下列這種對話：

「我要約時間。」⬇「ＯＫ」
「什麼時候可以？」⬇「月底」
「那麼，三十號如何？」⬇「ＯＫ」
「三十號下午五點可以嗎？」⬇「ＯＫ」
「地點要在哪裡？」⬇「那麼，在貴公司。」

光是這樣就會產生五個訊息。
我建議的對話如下：

「我要約時間，最好是月底。」⬇「ＯＫ」
「那麼，三十號下午五點在敝公司如何？」⬇「ＯＫ」

如果採取這種對話，簡訊的數量就會減半。

而最後的第三種情況，出乎意外十分多：「CC（副本發送）」。

有些公司明文規定「小組內的對話全部要 CC」，大多無法依照自己的意思減少電子郵件，有時候光是副本一天就有一、兩百封信。

既然這是公司內部規定，或許無可奈何，但是你的腦海應該會產生「這種 CC 真的有必要？」這種問題。希望你起碼規定自己「所有副本在一天結束時一併閱讀就好」。

要想方設法減少電子郵件的閱讀量。

☑假如猶豫，就做「新的事」

減少判斷量的同時，也請「盡量將判斷自動化」。

我會事先決定「煩惱時怎麼做的判斷標準」。我的判斷標準是「做新的事」。

有一種機制稱為「慣性法則」。極端來說，這是指「越是陷入恐慌、感到不安，越會恢復成往常模式」的現象。

舉例來說，部門的業績變差、公司整體營收下降時，這是因為在此之前的做法跟不上時代所致，有時候原本必須挑戰「新的事」，業績才可望恢復。

然而，在許多案例中，反而大多是回到過去的做法，這稱為「回歸原點」。儘管隱隱感覺到過去的做法不對，但是離不開那種做法。於是，推卸責任心想「從前明明很順利，現在居然會失利，太奇怪了。一定是因為第一線的人不努力。」

但是內心深處其實覺得「或許這麼做是不對的」，煩惱無窮無盡產生。如此一來更加妨礙專注，難以做出正確決策。

因此，假如猶豫了，我就會選擇「新的一方」。將新的行銷策略和過去的行銷策略做比較，倘若它們的效果差不多，就選擇新的一方。若有兩家想去的店為此而猶豫不決，就去新的那一家。

重要的是，如果決定「選擇新的一方」，就不必再花時間煩惱，這就是「判斷自動化」。

我會「選擇新的一方」，但是你不必非得遵照我的做法，遵從你自己的原則即可。可以刻意選擇「在此之前做的事」，也可以選擇「第一件浮現腦海的事」、「選擇較早想到的方法」。

在此我想要傳達的是：「猶豫」正是妨礙專注的因素。設定自己的準則，盡量不因猶豫而煩惱，是提升專注力的捷徑。

☑尋找最佳時間點

先前提到「不要在腦袋最清醒的一大早，處理電子郵件」，但是實際上因人而異。根據《什麼時候是好時候：掌握完美時機的科學祕密》一書，人可以分成「雲雀」（所謂晨型人）、「貓頭鷹」（所謂夜貓子）、以及「第三種鳥型」這三種（書中刊載簡單檢測表，可得知自己是哪一種類型的人）。此外，各種類型的人，分別有適合自己「分析工作」、「觀察工作」、「給予感動」、「做決策」的時段。

一般而言，早上是腦袋最清醒的時候，但還是必須研究一下，對於自己而言，哪個時間點才是最佳狀態。舉例來說，若是難以早起，清早醒來腦袋往往不靈光，將這段時間用於查看電子郵件也是可行的。

切勿忽視身體的訊號

☑每10分鐘起身一次

人的專注力只有10至15分鐘。儘管如此，若是持續工作，此時身體一定會產生某種訊號。

舉例來說，明明打開電腦在工作，但是赫然回神，卻在思考別的事情。視線下意識地望向其他地方。這明顯是「專注力中斷的訊號」。此外，身體坐不住也終究是專注力中斷的訊號。

如果感覺到這種訊號，請馬上休息。

此時，最簡單的應對方法是立刻站起來，稍微走一走，光是如此，就能重振精神。直接去喝茶、上廁所，或者去洗臉也可以。做什麼都好，請中場休息。

若是不方便隨意走動，不妨伸個懶腰、在座位上做簡單的伸展，或者稍微閉目養神、做深呼吸，光是如此也有效果。

或許有人會覺得「10分鐘做這些事一次，會不會反而無法專注？」答案是：沒有那回事。明明無法專注，但是勉強自己，心想「必須專注」，專注的品質反而會不斷降低。

你知道「番茄鐘工作法」（Pomodoro Technique）嗎？它會提升專注力和產能。

這是創業者與作家法蘭西斯科·西里洛（Francesco Cirillo）所提倡，藉由反覆「專注」時間和「休息」時間，產生工作步調的一種時間管理術。

做法非常簡單，將計時器設定25分鐘，響了之後，休息3至5分鐘，每4至5回休息一次15至30分鐘較長的時間。運用計時器來做時間管理。

☑閉眼30秒

據說現代人的疲勞大部分是眼睛疲勞。如同我在此之前一再訴說，專注力低下有可能來自於眼睛疲勞。

因此，覺得「專注力中斷」時，希望你稍微讓眼睛休息。

最簡單的是，稍微閉目養神。1分鐘或30秒都可以，靜靜地閉上雙眼，然後再度睜開眼睛，應該會感覺到疲勞緩解不少。眺望遠方的景色，也有助於消除眼睛疲勞。

以下是不少人的日常：早上起床，馬上用手機查看新聞與訊息，接著打開電視，做出門前的準備，前往車站的路上被紅燈攔下，便掏出手機。在電車上當然會用手機看影片、打手遊、查新聞。抵達公司之後，開啟電腦，幹勁十足地處理電子郵件、製作報告書、製作資料。稍微休息一下喝咖啡或紅茶時，另一手也拿著手機。向客戶做提案簡報時，將筆電連接至投影機，和所有與會者一起盯著畫面。接著，一天工作結束回家，看電視和追劇放鬆身心，就寢前再度看著手機，直到入睡。一年三百六十五天過著這種生活，眼睛怎麼可能不疲勞。

過度使用眼睛的人，請務必試一試「閉眼休息30秒」。

若決定「好吧，休息一下」，仍是忍不住拿著手機查看各種訊息與影片，此時不如聽聽音樂吧。

☑避免「多工」

一忙起來，難免興起想要同時完成多個工作的意念。然而，這種多工不僅會妨礙專注力，其實對大腦也會造成莫大損傷。

聽過專家一種說法是，持續多工會產生對大腦的損傷。

尤其一件事要避免，那就是「一邊開會或討論時，一邊做別的工作」。

從前經常使用「一心二用」等說法，尤其是遠距會議，一起開會的人根本不清楚你在做什麼，似乎想做其他工作也沒問題。因此，除了查看電子郵件和聊天訊息之外，有人還會一邊聽會議內容，一邊製作其他資料。

最好避免這麼做。因為除了對大腦有所影響，不是在專注中完成的工作，輸出的品質也會變得隨便敷衍。

此外，生活中一邊開著電視、一邊聽廣播，也是強迫自己多工，並不建議。

多工和單工

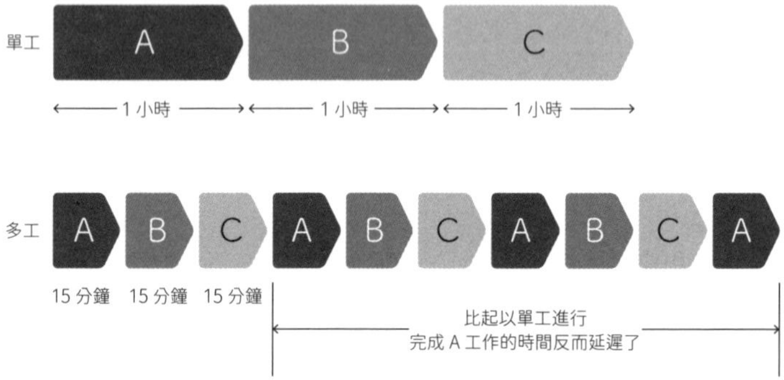

根據美國心理學會進行的多項研究結果，多工很沒效率，比起單工要多花40%的時間。

資源來源：株式會社 U-CAN manatopi 報導

其實，我從前也是「一心多用」，同時進行各種事，但是透過冥想與內觀，學習到真正的「平靜」之後，意識到唯有「心無雜念」的狀態，才最適合專注。

切換成「專注模式」

☑打造進入專注的例行儀式

打造「做這件事之後要專注」的例行儀式也很有效果。

我想，許多人知道「巴夫洛夫的狗」這個古典制約的生理學實驗。重複「對狗搖鈴再給予飼料」這種行為，之後狗只要聽到鈴聲就會流口水，這是一種「制約反射」。

我們可應用這種制約反射，事先打造「做這件事之後，就能進入專注模式」這種儀式感。

最佳例子是職棒時期的鈴木一朗選手。他站在打擊區時，先輕輕拉起球服的袖子，再舉起球棒的例行儀式很有名，此外據說他每天早上吃咖哩飯也廣為人知。

我認識的一流人士的例行儀式，還有下列這些：

- 早上起床之後，一定要從床的右側下床。
- 工作前，聽皇后樂園的名曲〈We will rock you〉。
- 將手機收進公事包、藏起來。

即使不是如此誇張的例行儀式，像是「喝咖啡」、「發出聲音」等簡單的動作也可以。只要適合自己，什麼都行。

我會在第5章介紹自己一天的「TODO LIST」，在此只提一個，那就是每天早上「親手」寫下待辦事項。

透過這麼做，開啟我進入專注模式的開關。

有趣的是，若是使用數位工具，就開啟不了這個開關。我也會使用數位工具，管理平常的行事曆，但是唯獨這個「每天早上的例行儀式」，非用手寫不可。

此外，當我寫下每日待辦事項後，接下來以橫線畫掉待辦事項的快感無可取代，總覺得進入下一個工作的專注力也會提升。

☑透過設定截止時間，達到專注

勉強的專注毫無意義。話雖如此，有時候非得專注不可。這種時候有方法強制開啟專注力的開關。

那就是「設定截止時間」。尤其推薦設定短時間。

像是「在1小時內進行這件事」、「在5分鐘內完成這件事」等等，刻意設定截止時間。並且試圖在該時間內，完成該項工作。

至於長期的工作，可以將該工作細分成小事項，設定截止時間。若是要在「1個月後提交資料」，可細分為「1週內提出假設」、「今天內提出創意」、「這個小時閱讀資料」等等。

如此一來，除了能提升專注力，輸出的品質往往也會提升。人們常說「工作要交給能幹的人來做」，這是因為能幹的人會接二連三設定截止時間，知道在期限內的專注之道，能夠高品質地穩定輸出產能。

不過，即使善用截止時間的效果，確實「休息」，以防疲勞也很重要。當然對於原本就具有計畫性，按步就班處理事情的人（努力不懈型）而言，有時候會變成反效果。

熟知設定截止時間效果的人，是人稱「漫畫之神」的手塚治虫。他經常被截稿期限追著跑，催促原稿的編輯總是接連不斷地造訪他的工作處。有一回，編輯追他追到機場，他對編輯說「剩下的原稿，我會在飛機上畫好」，便出發前往國外旅行。

決定期限以及提出創意時善用的「設定框架」這種方法，可說是共通的做法。提出創意時，即使上司要求「什麼創意都好，動腦想一想」，也很難想出來，但是只要設定具體的框架，像是「想一想針對四十多歲男性商務人士的零食」，創意就會源源不絕地湧現的情況很常見。

換句話說，「思考的框架」和「截止時間」都是透過限定「範圍」、「時間」，一口氣提升專注力的方法。

☑記得將事情做到盡善盡美

有時候「不想輸」這種好勝心，也能提升專注力。

舉個小例子，一想到「我要製作在會議中最令人感動的提案資料」，專注力就會提升。過度的好勝心會造成負面效果，但是某種程度的「好勝心」或許對於專注有效。

進一步而言，如果從「好勝心」往前一步，湧現「想要將事情做到盡善盡美」這種心情，那就太棒了。舉例來說，觀察大谷翔平選手的舉止，比起「想要戰勝某人，成為第一」，更能感受到大谷選手「想要發揮自己理想中的表現」這種強烈心情。

實際上，麥肯錫的優秀資深員工們也是如此。比起想要成為第一的人，磨鍊自己成為獨一無二的人，看起來更柔韌強大。我也從某個時期起，停止將「他人」設定為目標。

這件事亦適用於工作。縱然是令人感到無聊的行政工作，與其驅動「想要被人認同」這種欲望，不如抱持「我是這份工作的專家，所以要在時間截止之前好好完成」這種想法而努力，如此一來專注力更能提升，輸出更好的產能。

☑提出「魔法問題」

覺得專注力中斷時，請務必詢問自己一個「魔法問題」。那就是「我現在最該聚焦的事是什麼？」

專注力中斷的理由之一，是腦海充斥著各種雜念。正因如此，要決定「現在只做這件事」來提升專注力。

不妨加入「時間」，取代「現在」這兩個字。像是「這10分鐘內最該聚焦的事為何？」「這個小時最該聚焦的事為何？」「今天內最該聚焦的事何？」等等。

我稱這個問題為「魔法問題」，除了專注之外，我將它運用在各種地方。舉例來說，推動某項專案時我會自問自答：「這對於整個專案而言，是否為最必要的事？」如此一來，就能從眼前的事抽離，改由長期、俯瞰的觀點，重新檢視專案。

或者有時候，我也會自問自答：「對我的人生而言，現在最該做的事是什麼？」

我最愛「學習未知的事物」、「使用最新的工具」，忍不住嘗試各種事。

然而，人生並非無限長，所以我常對自己拋出「到了人生終點最需要的事是什麼？」這種問題。

此外，年輕時我往往太過在意他人、組織和社會的評價。因此，當發現自己過度在意評價，躁進行動時，我會問自己：這個行動對於我的人生準則「改變與成長」，是否有幫助？

「魔法問題」也是在詢問自己生活的方式。不清楚自己以什麼為目標而活、試圖轉換人生的方向時，請慢慢花時間，試著對自己拋出「自己在做什麼時最快樂？」「自己有哪種天分？」這種問題，找到自己的「魔法問題」。

於是，能更加聚焦於自己能夠接受的事，容易發揮專注力。

☑ 釐清輸出畫面

假設你需要專注做一件事10分鐘、30分鐘。在此之前，希望你務必做一件事，那就是「想像輸出」。

說得更簡單一點，就是想像「自己10分鐘後會變成怎樣？」

若是「30分鐘內寫完這份文件」，那就是「想像30分鐘後寫完文件，透過電子郵件寄送出去後，鬆了一口氣的自己」。

若是「10分鐘內打扮好出門」，那就是「想像10分鐘後，精神抖擻地打開家門的自己」。最好能夠透過視覺，想像屆時自己的模樣，並且描繪屆時的情緒。

「想像輸出」原本在顧問工作中，是用來「輸出高品質產能」的超級基本功。

舉例來說，本書的主題是「專注」。而該輸出畫面是「認為『自己缺乏專注力』而喪失自信、抱有罪惡感的人，開心地心想『即便是這樣自己，感覺也做得到』」這種畫面。正因為有這種畫面，本書才能順利出版。

假如它目標不明確，像是「除了提升專注的內容之外，也放入邏輯思考的內容、企劃書的製作方法如何？」這種模糊的畫面，最終就會變成內容定位混亂的書，或許不會走到出版這一步。

「開了會卻沒有做出任何決定」經常成為話題，這也是因為開會前沒有先輸出畫面。由於沒有「今天是為了什麼而召開會議，要決定何事」這種明確的目標，所以「既非那個，也非這個」，始終漫無目的地討論，等到會議時間到了，草草一句「那麼下次再討論」了結，毫無意義地延長會議。

做菜時，隨意切食材、翻炒，就無法做出像樣的菜。正因為有「煮咖哩吧」這種明確的目標，才能完成一道好菜。

想像並輸出畫面，朝目標方向邁進，專注於行動的能力便會提升。

請務必試試在專注做一件事之前，先想像完成這件事之後的自己。

☑ 刻意在短時間內做做看

有時會有這種情況，工作越積越多，非得專注不可。

此時，建議使用前面提到的「設定截止時間」，那也是刻意設定「逼自己專注的截止時間」。

今天若有下午五點之前必須完成的資料，就刻意設定「下午四點之前完成」這個截止時間。此外，向上司宣告「我會在下午四點提交」，把自己逼上梁山之後，就非做不可。

或許有人會說，縮短執行時間，會不會導致輸出的品質降低，我認為反而相反。人們往往認為，越是重要的案件、越是「要確保好好討論的時間」，但我並不贊成這個想法。

我幾乎不曾因慢慢思考而想出好的創意，話說回來，如果確保「好好討論的時間」就可以，那為什麼還有難辦的事呢。

我反而會刻意逼自己「用1小時想出創意」，不可思議的是，在此之前思考了好幾週也想不出來的創意，在這一個小時內不斷湧現。

另外，我平常澈底善用「設定截止時間」這個方法。我每天被各種截止時間追著跑，但是常常刻意等到最後一刻才開始著手。將這種事寫在書中，或許會被怒斥：「大嶋你一定得拖最後一刻才做事嗎?!」但事實上，根據我本身的經驗，這樣反而能輸出更佳的產能，因此今後我也打算堂堂正正地在逼近截止時間的短時間內專注努力。

而能夠在短時間專注的重點，是先前提到的「想像輸出」。不是沒頭沒腦地縮短時間，而是想像「希望1小時後變成哪種狀態」。

希望主管知道「團隊」也有專注力

☑專注會「同步」

無論是工作或運動等私人活動，假如你率領某個團隊，有件事我一定要告訴你——「團隊也有專注力」。

在此介紹日本東北大學在全球首度發布，「團隊進入『心流』狀態時的大腦活動」新聞稿。

——發現團隊在心流狀態下，中側大腦皮質區β波和γ波增加。此外，亦發現在團隊心流狀態下，比起平常的團隊狀態，隊友們的大腦活動更加強烈地同步。

（https://www.tohoku.ac.jp/japanese/newimg/pressimg/tohokniv-press2021006_02web_team.pdf）

如果變成「整個團隊進入心流」的狀態，產能提升自不待言。實際上，團體運動中，時常能獲得「團結一心」這種感覺，東北大學從研究「大腦」的觀點，證實了這一點。

在工作團隊中也是一樣。我至今觀察了超過五千個團隊，覺得「這個團隊很專注」時，成員的言行同步到恰似同一個大腦，有效率地討論、行動。我本身曾經加入進入心流狀態的團隊，當時彼此在做什麼、彼此反應的意識和思緒，變得十分專注，團隊的產能也大幅提升。

那麼，哪些行動會提升團隊的專注力？基於東北大學的研究與我個人的經驗，介紹幾個行動。

首先，有效的是「使行動同步的例行儀式」。

舉例來說，「昭和時期的例行儀式」像是舉行「晨會」、「廣播體操」、「唱社歌」等等，對於使行動同步這個層面而言，相當有效。如今，時下的年輕人或許無法接受這些老派作風，但是實際上，仍有些創投企業在進行這種老派儀式。

就這個層面而言，因新冠疫情而產生的遠距工作，只能說並不適合團隊的專注。如今，新冠疫情結束，再度回到公司上班的情況也增加，不過也有公司順勢增加了遠距工作這個彈性措施。雖然所有員工不必每天都到公司上班，還是可安排一週或一個月全員聚集一次，所有人做同一件事。

即使不做特別的活動，回到辦公室上班，與同事一起工作，擁有這種感覺也足以形成「行動的同步」。

學生時代比起在家讀書，我在補習班的自習室，身邊有人的情況下，往往比較能專心念書，這也是行動的同步。此外，前幾天看到一則新聞，內容是「為了準備考試而念書時，拍攝影片分享給同學看」。Z世代果然會以自己的方法，試圖做到行動的同步。

☑用來發揮團隊力量的「前提條件」

另外，「提出明確的目標」也是提升團隊的專注力不可或缺的一個要素。

先前提過「想像10分鐘後的畫面」這種內容，到此則是應用於團隊版。

舉例來說，運動有「獲勝」這個明確的目標，所以運動團隊容易進入專注狀態。當然，工作其實也有目的，但是被日常工作追著跑的過程中，有時候會浮現疑問與雜念，像是「我到底為了什麼而工作？」「做這件工作，銷售額真的會提升？」「這麼做對世界有幫助嗎？」反過來，如果能夠排除這種妨礙專注的要素，和運動團隊一樣真實地想像明確的輸出，團隊的專注力應該就會顯著提升。

☑從混合型工作方式，尋求最適解

除了日本之外，分別使用實際到公司上班和遠距工作的「混合型」工作方式，在美國等國外也一樣成為課題。

本月三十日，美國達拉斯聯邦儲備銀行的分析指出，受到新冠疫情的影響，居家工作的人增加，使得美國大都市的產能相對低下。因為在家難以交換創意和創造人脈。（中略）居家工作的優點開始備受關注，像是減少通勤成本、和家人朋友度過的時間增加等等。另一方面，許多企業重視在辦公室上班有助於提升產能，這次的研究也有可能引發工作方式相關的討論。（《日本經濟新聞》二〇二二年九月二日）

一樣是《日經新聞》（二〇二二年六月七日）的報導，日本跨文化顧問（Japan Intercultural Consulting）總經理——羅謝爾科普（Rochelle Kopp）的指摘也發人深省。

美國 Google 和 Apple 一樣，自四月起規定一週必須到公司上班三天。另一方面，美國 Meta 讓員工能夠永遠申請遠距工作，Amazon.com 則委由各個小組決定。

為了將員工喚回辦公室，幾家企業增加福利。摩根大通（J.P. Morgan Chase）開放紐約最先進的全球總公司，具備令人聯想到矽谷企業的休閒設施，像是瑜伽和飛輪室、冥想空間、戶外區、美食廣場等。根據哈佛商學院的新研究，混合型工作方式存在「甜蜜點」。據說一週一至兩天的居家工作，有可能同時增加工作成果的新穎性和工作相關的溝通。該研究者指出，這暗示「混合型工作方法不用擔心遭到同事孤立，改善工作與生活平衡，讓人兼顧兩者」。

在越來越多公司採用遠距工作的情況下，如何提升團隊的專注力是非常重大的問題，如果能夠實現這一點，也會產生競爭力。

第 4 章的總結

☑如果感到無法專注（專注中斷），最好不要勉強試圖專注。

☑無論是手寫或數位都好，以自己容易記住的方法，寫下當天該做的事。

☑一天當中，務必打造一次獨處的時光。

☑看清需要的事物和不需要的事物，減少必須判斷的量。

☑切勿疏忽身體發出的「休息訊號」。

第 5 章

大嶋式「專注」的驚人架構

特別篇：我如何安排一天的時間

擁有早晨、白天、夜晚的例行儀式

早晨的例行儀式

☑為了起床之後，立刻迅速成為專注模式

在上一章也說過，為了專注度過一天，「儀式感」非常重要。

接下來，讓我們以我每天的例行儀式為例，以「專注」為軸心，思考一天的流程。

最重要的是一天的開始方式。為了從就寢模式迅速進入活動模式，事先決定每天相同的早晨例行儀式很有效。

我的早晨例行儀式如下：

①起床。
②洗臉，清潔舌頭，刷牙。
③精油按摩，泡澡。
④進行簡單的瑜伽。
⑤冥想20分鐘。

首先，稍微活動身體之後（瑜伽），調理內心（冥想）。透過這種例行儀式，會感覺到從就寢模式自然地切換成活動模式。

瑜伽是從西元前四千五百年左右進行至今，用以悟出真理、正確生活方式的想法與技術。瑜伽有各種流派，一邊做出瑜伽動作、一邊調整呼吸，可獲得靜心與提升專注力的效果。

不過，即使不是正式的瑜伽，光是做簡單的伸展就已有效果。據說在就寢時放鬆僵硬的身體、恢復柔軟性，能活化身體以及維持放鬆的姿勢。瑜伽和伸展除了在早晨與睡前做，在工作的空檔和洗完澡等時間進行，對調整狀況也十分有幫助。

如果有空，我也建議早晨可在做完瑜伽或伸展後散步。這麼做也有助於改善運動不足，最重要的是「吸入早晨的空氣」。印度的傳統醫學「阿育吠陀」，提到早晨日出那個瞬間充滿能量，清晨的空氣澄淨，光是走一走就會覺得通體舒暢。

冥想也有各種流派，但只要能以輕鬆的姿勢坐著，閉上眼睛，緩緩地呼吸即可達到冥想的效果。

我想，許多人在早晨往往手忙腳亂地準備出門。抵達辦公室之後，會好一陣子無法專注於工作。早晨的這些例行儀式，能幫助自己提升一天的產能。

☑減少雜訊

早晨的例行儀式中，我重視的是「減少雜訊」。

舉例來說，我幾乎每天早上都吃相同菜色的早餐「白飯配味噌湯和納豆」。這是為了避免猶豫「要吃什麼」這種「雜訊」。若你不必準備家人的早餐，建議也盡量吃相同菜色的早餐，或者事先決定一週的早餐菜色、每週輪替。

此外，每天早上挑選衣服也會成為「雜訊」，因此我也會事先決定要穿的衣服、並數日輪替，以免產生猶豫。

有一點希望你務必一試。假如你每天早上有「先打開電視」這種習慣，請試著別打開電視一次。即使「只是隨手打開」，實際上，大腦會從電視擷取資訊，那也會成為雜訊。

減少雜訊便是前文提及的「減少判斷量」。就連「早上要吃什麼」這種事，也會消耗大腦的判斷量。生活瑣事最好盡量達到毫不思考，能夠 autopilot 的狀態。

☑「上班」

遠距工作由於新冠疫情而普及。有些人一週會有一半時間在家工作，我也是一週在家工作三天。

居家工作的難度在於「切換開關」。難以從私人模式切換成工作模式，無法專注於工作。

因此，我講究的是「服裝」和「地點」。

首先是「服裝」。有人穿著睡衣工作，但是這樣無法切換思緒，最好別這麼做。儘管如此，有沒有必要和去公司時一樣，身著正式的服裝？

對於居家工作者，我想要建議的是「穿在身上，毫無壓力的服裝」。無壓的標準因人而異，但應該是讓身體感到舒適的服裝。我會準備這種衣服，每天早上換上它之後，開始工作。換衣服這行為也成為用來提升專注力的開關。

而另一個講究的則是「地點」。

我在家裡準備一間工作室。除了工作以外，我不會使用那個房間。

而且我每天早上到那個房間「上班」。進入那個房間，就會自然地切換成「工作模式」。

請教過許多一流的自由工作者，大多數的人都是像這樣「區分生活的場所和工作的場所」。也有許多人特地在家附近另外租辦公室。

「通勤」這道程序，果然在切換專注的開關上，扮演著重要的角色。

另外，近來的新建公寓中，另外設置工作空間的公寓似乎越來越多。令人感覺在同一間公寓內「上班」，也能有切換意識這種效果。

當然，我想也有許多人無法準備以上這些環境。使用最近正普及的共享辦公室，或者使用待起來舒適的咖啡館，也是另一種切換開關的方式。

周遭的人聲會成為我的雜訊，所以我不太喜歡在咖啡館工作，但也有一種說法是，對有些人來說，周圍適度的吵雜聲反而會提升專注力。

☑一大早不要開啟電腦

無論在辦公室或在家，許多人「上班」之後，首先會先「開啟電腦」，而大多數的人會優先「開啟電子郵件或社群軟體」。

請試著停止這種例行儀式一次。

即使上班了也先不要開啟電腦。而是先拿出筆記本或記事本等，接著，請試著寫下今天該做的事——所謂「待辦事項」。

我每天早上以手寫列出這些待辦事項，覺得這些事項比較容易進入腦袋。當然，用手機或 iPad 做數位筆記也可以，但是希望你嘗試手寫一次。

寫下待辦事項之後，能夠將今天該做的事可視化。於是，就能想像自己今天的工作。

提升專注力時，重要的是「描繪目標的畫面」。一大早寫下待辦事項，正是寫下目標的畫面。

此外，寫下待辦事項，自然會產生「該優先進行哪一項」這種問題，變得更容易掌握今天該做的事、最重要的事為何，工作效率也自然會提升。

基本上，在此寫下的待辦事項是今天一天要做的事，另外也請以一週一次，或者一個月一次等頻率，設定寫下中長期目標的進度。

依情況而定，也請試著描繪「人生中要完成什麼」這種最終目標。如此一來，除了「為了明天的洽商，必須做的事」這種短期的價值判斷之外，能夠找到「雖然不緊急，但是比對自己的人生目標，現在最好做這件工作」這種答案。

我會以月為單位、以年為單位，來描繪目標的畫面，因此經常對自己拋出「為了達成七月的目標，該優先做的事為何？」「為了達成二〇二五年的願景，一定要做的事為何？」這些問題。

而你若是處於主管的職位，也可邀請成員寫下這些待辦事項。

☑擺放「指針時鐘」

早上展開工作時，我有另一件要做的事。那就是將「指針時鐘」擺在桌上。

近來，我想許多人都用手機代替時鐘。不過，就提升專注力這個層面而言，我十分推薦「指針時鐘」。我的桌上放著圓形的指針時鐘。

CASIO的網站中，有一段話是「指針手錶容易從指針的方向和角度，直覺地掌握時間。此外，能夠立刻進行『距離中午12點大概還剩45分鐘』這種時間的判斷」，這正是使用指針時鐘的優點。

換句話說，這也是「設定截止時間的效果」。能夠直覺地掌握截止時間，是指針時鐘的優點。

當然，使用數位時鐘也能掌握截止時間，但是假設數位時鐘顯示「13:25」，而工作的截止時間是14:00，會產生準確的時間差，這個準確的時間差可能會妨礙專注。

由於是桌上隨時會看到的物品，講究形狀也是必要的。我選的時鐘是圓形，這是因為對我而言，「方方角角」是一種雜訊。你可以依自己的需求與喜好，選擇適合自己的顏色與形狀的物品。

親手寫下待辦事項，擺放時鐘之後，接著開啟電腦。接下來，應該能自然進入專注模式，輕鬆展開一天的工作。

☑ 一大早排好預約行程，就無法偷懶

有的人再怎麼安排喚醒自己的「儀式」，早上也無精打彩。前面曾提到，有些人就是無法早起。

我有個小小的「狠招」想要介紹給這種人。那就是「一大早排好預約行程」。

實際上，這是我認識的某位人士在做的事。據說他會盡量將各種預約行程排在一大早，強制切換成「工作模式」。就算前一天有點憂鬱，一大早的預約行程結束後，心情就會為之一變，能夠心情爽快地專注於工作。

也就是說，排定「與人見面」這種預約行程，就會強制開啟早上的專注開關。即使是放縱自己的人，一想到已經約好了，「不能給別人添麻煩」，就會不得不開啟開關。

這種「預約行程」的效果，除了一大早之外，也能運用在所有場景。

舉例來說，假設有一份資料勢必得在今天內完成，交給客戶，就先設定和客戶的預約行程。比方說，「下午四點開會」，就不得不在這個時間之前完成給客戶的資料。

每個人總是「想要多一點時間」，但是拉長時間而產生空檔的話，往往就會不知如何消磨多餘的時間而無法專注。假如心想「今天沒有排定任何預約行程，所以要做想做的事！」不知不覺間，就混到傍晚……想必不少人有這種經驗吧。

如同愛因斯坦所說，時間的速度能夠主觀地掌握。我曾經數度遇過以專注的程度拉長或縮短時間的現象。

這也和想要專注卻無法專注一樣。既然如此，善用有見面對象的「預約行程」，打造專注模式是一個合理的方法。

另外，關於假日，「想要做那件事、想要做這件事」，結果一事無成地到了傍晚……這種事也很常聽到，但是我對於這種情況，會看開地心想「假日就是休息的日子，這樣也很好」。可說是「不積極地做任何事」這種休養。

雖說專注很重要，但若是連假日也維持專注模式，未免太累了。

白天的例行儀式

☑ 工作可輪番進行

我如今擔任顧問、作家、公司企業研習等工作，每天可說是像顆陀螺，一人分飾多角地轉個不停。就「專注力」這個觀點而言，應該要禁止同時一心多用，但實際上我以15分鐘、30分鐘為單位切換工作的內容，專注力反而提升，真是不可思議。

擬定一天的時間表時，許多人容易擬定「上午結束A事項之後，下午在三點之前結束B事項，然後結束C……」這種時間表。可是，不妨刻意以30分鐘為單位，排入各種工作。

舉例來說，如下列時間表：

- 10點～10點30分　製作提案資料A的草稿。
- 10點30分～11點　準備明天的研習會。
- 11點～12點　與C相關的遠距會議。
- 13點～13點30分　完成提案資料A。
- 13點30分～14點　準備明天的研習會（繼續）。

各個預定行程之間，可以間隔2、3分鐘的休息時間。

穿插休息，你或許會覺得「這種零碎的時間會令人無法靜下心來工作」，但是試圖在1、2小時內「靜下心來」做什麼，一定會中途鬆懈。

切割成短時間，透過改變工作內容來防止「中途鬆懈」，反而能提升專注力。你也可以不以30分鐘為單位，而是以15分鐘為單位。

進一步來說，工作進展順利，產生「實在沒心情做這項工作」這種心情時，也可以改做別的工作。例如，製作研習會的簡報卻卡住了，那就轉而去寫新書的稿子吧。

☑讓人靜下心來，提升專注力的「香草茶」和「香氛精油」

除了工作和工作的空檔之外，如果開始覺得「無法專注」，最好適度休息。雖說是休息，但站起來伸個懶腰，或者坐著稍微閉目養神都可以。眼睛嚴重疲勞的人，可以按摩一下眼周。伸展操教練山田知生說，舒緩眼周的肌肉，眼睛就會舒暢。

建議也可喝飲料，但是也不宜攝取太多咖啡因。我平常飲用，亦想要推薦的是香草茶，它無咖啡因，而且能夠確實提振精神。可按照你的需求，分別飲用不同的香草茶，像是幫助消化的薄荷茶、具有放鬆效果的洋甘菊茶等等。

亦建議善用香氛精油。香氛精油有各種種類，其中，當我想要專注時，使用的是迷迭香和檸檬香氛。

而情緒有點低落時，則會積極地使用柑橘類的香氛精油。想要趕走睡意時，薄荷的香味也有效。據說印度聖人使用的「檀香」，是最適合休息和冥想時使用的香氛精油。

近來休息時，我喜愛使用的是玫瑰水。據說玫瑰具有讓人冷靜下來的效果，我會將玫瑰水噴在臉上，或者讓面紙吸飽玫瑰水，敷在眼睛上。

若是在家工作，使用擴香器也不錯。在公司內辦公實在不方便使用擴香，但是準備小瓶裝的香氛精油，心血來潮時趕快聞一下，或者滴幾滴在面紙上，不時聞一聞香味，都能感受到效果。

喜歡的「香氛」味道因人而異，若你有興趣嘗試，請先從尋找自己覺得「這種味道不錯！」的精油開始。

以全力瞬間活動身體

我的工作室裡有「沙袋」。作為健身的一環，我曾經學過拳擊。

當我覺得專注中斷時，我就會慢慢地戴上手套，打一打沙袋。光是打幾次，心情就會煥然一新，能夠重新專注，回到工作。

我認為，現代人很少像這樣「盡情活動身體」。這是和「以相同姿勢一直坐著，持續盯著電腦」正好相反的行為，正因為是「活動」，心情會煥然一新。

即使不打沙袋也可以。在我身邊許多人做的活動是「游泳」。

我待在麥肯錫的時期，也會跟同期進公司的同事，一週一起去游泳二至三次。游泳是全身運動，更有效果，而且相當累，讓人無暇思考多餘的事，自然能夠清除思緒。跟夥伴一起去從事活動的話，容易變成習慣。

此外，還有人會找適當的場所「大聲唱歌」。建議你按照自己的方式，打造

「盡情活動身體」的場合。

找找工作中適合以短暫的時間，用來恢復專注力的運動有哪些。

☑ 到處走動，與人交談

居家工作好一陣子，我深感「與人交談真的很重要」。與人交談能夠排除累積在腦中的雜念，讓腦袋清晰，專注力也會恢復。

最近，「在吸菸室的交流」幾乎消失了，但它或許有一定的效果。

就這個層面而言，我推薦的是「到處走動」。有時候會和同時在走動的家人或同事四目相交，展開對話，有時候則是被別人搭話。忙碌的人應該不會刻意找你攀談，這舉動不會造成身邊的人困擾。

有一種管理方式叫做「MBWA（Management By Walking Around）」，也就是「到處走動的管理」。主管在現場到處走動，試圖溝通，能夠早期發現風險的根源，這是在MBA也會學習到的實用經營學方法。

同樣地，不妨在辦公室四處走動。只要幾分鐘就會讓人重振精神，專注力也會隨即恢復。

☑意識到預定行程的留白

麥肯錫某位令我尊敬的資深員工，他使用時間的方法中，有一個方法令我印象非常深刻，那就是務必設定「留白」的時間。

具體而言，那位資深員工決定「週五不工作」，實際上，那天完全隔絕工作。

他並不是去玩樂，而是為了學習顧問所需的知識，閱讀與經營相關的書籍，例如財務金融書或行銷書。

從此之後，我也會刻意在時間表中「留白」。

舉例來說，像是在時間表中完全不排行程30分鐘左右。或許有人會覺得這是浪費時間，但實際上，反而會感覺到空檔前後的專注力提升。

這段留白時間，亦可作為處理突如其來的問題、工作沒有如預期進行時的緩衝時間。實際上，很少會遇到這種情況，但卻具有令自己內心從容這種效果。

☑ 一味講究筆

包含麥肯錫時期，像機器一樣高速製作簡報資料的資深員工在內，工作速度快的人都很講究「工具」。

舉例來說，有個同事始終使用白板。我數度目睹他以幾乎聽不到的音量，嘴裡唸唸有詞，心無旁鶩地在白板上不斷寫字，引導出答案的身影。

此外，也有人使用自己喜愛的筆和記事本，字跡潦草地寫下內容，整理思緒。其實，我也模仿他，購買建築師用於製圖的筆之後，感覺到專注力顯著提升。另外，我目前使用的是粉紅色的筆，如果是自動鉛筆，不要使用H或HB，我推薦B或2B等筆芯，深色的鉛筆比較好寫。

筆記本的喜好則因人而異，我平常使用Campus橫罫點線筆記本。也有人覺得方格筆記本比較好寫，但是我覺得縱罫很礙眼，動不動就會令我分心，所以橫罫點線是我的唯一選擇。

「選擇方便自己使用的工具」對於消除雜訊，提升專注力很重要。

☑假如感到疲勞，就冥想

再怎麼意識到「不要過度專注」，到了傍晚左右，還是會感覺到一定程度的疲勞。

因此，在傍晚我會再進行20分鐘的冥想。坐在安靜的地方，閉上雙眼冥想。實際嘗試之後，會察覺到自己比想像中更疲勞，冥想結束後，切身感覺到專注力一口氣恢復了。

可能有人找不到適合冥想的地方。這種情況下，哪裡都好，在座位上輕輕閉上眼睛亦可。舉例來說，搭計程車移動或坐在咖啡館時，稍微閉目養神等。

話雖如此，到了傍晚判斷量已用完了，維持專注並不容易，不需強迫自己專注。舉例來說，若是上午十點左右開始工作的人，最好在傍晚六點至七點左右結束工作。

夜晚的例行儀式

☑提升肌力對於強健「心理」有效果

工作結束後，我一週會去健身房幾次。

在美國的商業菁英之間，健身是極為一般的事。辦公室附近若有健身房，也有許多人會在工作的空檔去健身流汗。在麥肯錫也有許多人努力健身。

我如今一週一至兩天，請私人教練指導我健身。對於真正在鍛鍊的人而言，一至兩天或許嫌少，但我並非以某種比賽為目標，而是為了獲得工作所需的體力，因此覺得這種頻率就已足夠。據說健身過度反而可能引發免疫力低下，適可而止為宜。

此外，說到健身，一般人的印象是強健身體，但是我覺得它也會強健心理。

之所以意識到這一點，是因為聽到認識的教練說：「有憂鬱傾向的學員，在一週二至三次長期健身的過程中，症狀漸漸減輕了。」

辦公室工作者極度不使用身體。除了在公司和自家往返之外，幾乎都坐在座位盯著電腦，使得大腦異常疲勞。我假設，這種結果會導致身心失衡。

增加肌力，除了身體變強壯之外，感覺也能獲得強韌的心理與堅強的內心。覺得去健身房有困難的人，散散步也不錯。然而比起散步，快走或小跑步，稍微對身體造成負荷，比較能夠恢復精神。

此外，健身之後，不要等待身體自然恢復，請確實攝取蛋白質等營養素。

最近有些健身房併設桑拿室，最近我也澈底迷上以桑拿「調理」身體，也就是「桑拿10分鐘，接著泡冷水」總共做三組，如此一來能比平常睡得更熟。

☑擁有本業以外的副業

我同時兼有顧問和講師等多項工作，基於這些經驗，推薦給各位的是擁有

「副業」。

「人無法長時間專注於一件事」是本書一貫傳達的訊息。就專注這個層面而言，只是「專心做一項工作」也不太有效。

我做了某項工作之後，改做另一項工作，然後再回到原本的工作，就會感受到專注力恢復。

同樣地，各位也不妨考慮與本業同時進行副業。本業結束後，花一點時間做副業即可。

越來越多企業解除副業的禁令，據說Cybozu（譯註：日本的軟體公司）反而積極地建議員工做副業。其理由之一是，擴展員工的職涯選項，其實這亦有助於提升本業的效率。Cybozu的代表人青野慶久總經理，於二〇一六年四月二十七日在note（譯註：日本的內容創作平台）發表下列內容：

提升產能

一般人一天應該只能專注於同一件事幾小時。讓員工在同一家公司，長時間持續做同一項工作，效率不佳。基於提升產能的觀點，為了避免厭倦，員工身兼多項工作也較正面。

創新

創新是與「新」結合所創造。與異領域的新知識結合時，就會產生差異化的獨特產品和服務。副業會促進成員獲得在自家公司無法獲得的異領域知識，有助於創新。

促進個人獨立

如果聽到「請從明天起做副業」，想必許多人會感到不知所措。如此一來，就要實際面對市場，思考自己能夠為誰提供哪種價值呢？若是遭到長年任職至今的大企業裁員之後才思考，未免為時已晚。副業在提升個人存活能力的同時，應該也會成為思考自己不同於他人的人生契機。

以上這幾段話，總覺得也正指出了副業提升專注力的效果。

如今恰好是一直待在同一家公司、一直做著相同業務十分危險的時代。你所任職的公司未必永遠安穩，也有可能因為ＡＩ的發展而失去工作。萬一失業時，最好避免毫無新技能便跳入轉職市場。因此必須遠離本業，進行副業和公益（為了貢獻社會，進行活動的志工），刻意擴展視野。

就這個層面而言，比起和本業截然不同的工作，有某種關聯的工作比較好。我認識有人運用本業培養的寫作技術，從事製作地方團體網頁內容的副業。也在多個網站，作為研習講師收費傳授自己的技能。

目的並非賺錢，而是為了職涯而從事副業。假如能使本業的專注力提升，沒有道理不做副業。

若是你身處的本業禁止從事副業，參加公司外部的讀書會或志工活動也行。最重要的是，擁有家庭和公司以外的「第三空間」。

☑晚餐要節制

適當的進食量依體質而定，但是基於我的經驗，導出的結論是「午餐吃到飽，而晚餐要少量」。

根據阿育吠陀的教誨，我的理想進食量是「自己的兩個手掌量剛剛好」。不過，每餐吃這麼少實在滿足不了口腹之欲，因此我在日常生活中，會留意午餐吃喜愛的食物，早餐和晚餐則少量進食。

尤其是午餐在吃過量的情況下，晚餐時會特別留意，像是只吃白粥或喝飲品等。此外，我也經常搭配蔬菜湯，與奇亞籽和五穀米一起食用。

此外，亦推薦「無麩質」和「間歇斷食」，適不適合也依你的體質而定。包含網球選手——喬科維奇（Novak Djokovic）在內，許多名人採用「無麩質」和「間歇斷食」而備受關注。

實際嘗試之後就會知道，晚餐少吃，隔天早上醒來感受會有所不同。此外，由於肚子餓了，也有能夠自然醒來這個優點。

然而，也會有需要工作到深夜而感到肚子餓的情況。這種經驗我也不少，當時多方嘗試「吃什麼當作宵夜剛剛好呢」，其結論是「一個飯糰」。這種宵夜量能夠恢復工作的能量，而且不會影響隔天。

不過，請補充缺乏的營養素。我做健檢後發現蛋白質不足，從此會食用高蛋白補給品。原本只想要透過「食物」攝取基本的營養素，因此一開始有所抗拒，但是試過之後，身體有了顯著的改變。

其中一項改變是，我從前一旦累積壓力，就會想吃甜食，並且以相當高的頻率吃甜點，然而不可思議的是，攝取高蛋白之後，甜點就不太吸引我了。當身體攝取到我缺乏的營養素，就無吃甜點的欲望，自然不會攝取過多甜食。

有的人則是缺乏維生素、礦物質或鐵等營養素，建議要定期健檢。

☑回顧一天

一天到此也差不多接近尾聲。接下來介紹我的夜晚例行儀式。

首先，我最晚會在睡覺的兩小時前用完晚餐。臨睡前進食對消化不好，也會對代謝造成負面影響。

晚餐之後，會在睡前一個小時左右刷牙。這是有理由的，我在睡覺前極度不想用腦，刷牙之後會避免看手機和平板電腦，也不會帶著手機上床。

不少商務書中寫到，「睡覺之前最好回顧一天要事」、「要寫日記」，我也切身感覺到其效用，但是「睡覺之前」回顧，我反而會想起擔心的事，無法放鬆。因此，若要回顧，我建議最晚在晚餐後的時間完成。

此時，最好列舉三、四個正面的內容，例如「今天走運的事、幸運的事」。請不要想太多負面的事。因為一旦思考負面的事，就可能進入「思考」模式，覺得「那也該做、這也該做」，最後忍不住打開筆記型電腦，開始處理電子郵件。

當然，有時候晚上也會發生工作的緊急案件，發生這種情況時，我會確實應對，這是唯一的例外，除此之外我完全不工作。因為基於過往經驗，隔天以舒暢的心情上班，才能夠專注並獲得工作成果。

因此刷完牙後，我會悠閒地度過時光。

關於寢具，我選擇有機棉和羊毛這類天然材質。至於被子，我講究輕盈，因此選擇羽絨被。再來是枕頭，舒適的角度和高度有個人差異，最好在店家請店員替你測量。

我從前每天感到充滿壓力時，經常不知不覺側躺著睡覺。但在確立每天的例行儀式之後，變得能夠放鬆地仰躺睡覺。我體會到「原來人一旦沒有壓力，就能仰躺睡覺」。

☑ 接著，隔天早上神清氣爽地醒來

在這一章，以追蹤我一整天時間表的形式，介紹「專注」所需的訣竅，希望能帶給你一些幫助。在此，再次重申「不要試圖專注」。盡量留意身而為人，自然的生活節律，專注力就會自然提升。

完成這一連串的例行儀式之後，早晨醒來的感受戲劇化地改變。早上變得能夠在內心沒有掛念的狀態下醒來，身心極為舒暢，並感受到這一天會活力充沛，人生的品質也相對提升。更具體來說，我能夠優先去處理那些對於自己的人生而言，更為重要的事。

如同本書開頭所說，人生的目標因人而異。倘若每個人都有共通目標，那就是發揮專注力，度過每一天。

如此一來，過著美好人生的機率將會提高，不言而喻。

第 5 章的總結

☑分別設定早晨、白天、夜晚的例行儀式，即使節奏因工作或突發情況而被打亂，也容易重新擬定時間表。

☑在一大早排定預約行程，就不得不開啟專注力的開關。

☑以 15 分鐘、30 分鐘為單位，短時間進行工作。此時，也能夠輪番做不同工作事項。

☑適度運動。在不妨礙工作的程度下，瞬間全力活動身體，或者去散散步亦可。

☑講究床單、被子、枕頭等寢具。

麥肯錫瞬間專注技巧

掌握自己的「專注力容量」，快速完成工作與學習，表現更好，自由時間更多！

マッキンゼーで学んだ
時間の使い方がうまい人の一瞬で集中する方法

作者　大嶋祥譽
譯者　張智淵
主編　蔡曉玲
編集協力　池口祥司
行銷企劃　王芃歡
封面設計　兒日設計
內頁設計　賴姵伶
校對　金文蕙

發行人　王榮文
出版發行　遠流出版事業股份有限公司
地址　臺北市中山北路一段 11 號 13 樓
客服電話　02-2571-0297
傳真　02-2571-0197
郵撥　0189456-1
著作權顧問　蕭雄淋律師

2025 年 3 月 1 日　初版一刷
定價新台幣 370 元
（如有缺頁或破損，請寄回更換）

有著作權 ・ 侵害必究

Printed in Taiwan
ISBN：978-626-418-116-7
遠流博識網 http://www.ylib.com
E-mail: ylib@ylib.com

MCKINSEY DE MANANDA JIKAN NO TSUKAIKATA GA UMAI HITO NO ISSHUN DE SHUCHU SURU HOHO

Copyright © 2024 by Sachiyo OSHIMA
All rights reserved.

First original Japanese edition published by PHP Institute, Inc., Japan.
Traditional Chinese translation rights arranged with PHP Institute, Inc.
through Bardon-Chinese Media Agency

國家圖書館出版品預行編目 (CIP) 資料
麥肯錫瞬間專注技巧：掌握自己的「專注力容量」, 快速完成工作與學習 , 表現更好 , 自由時間更多 !/ 大嶋祥譽著；張智淵譯 . -- 初版 . -- 臺北市：遠流出版事業股份有限公司 , 2025.03
　面；　公分
譯自：マッキンゼーで学んだ 時間の使い方がうまい人の一瞬で集中する方法
ISBN 978-626-418-116-7(平裝)
1.CST: 職場成功法 2.CST: 注意力 3.CST: 工作效率
494.35　　114000850